高职计算机类精品教材／MOOC示范项目成果配套教材

Access
数据库程序设计

MOOC

主　编　李　平

参　编　杨　斐　张晓慧　张　华
　　　　洪　梅　董得茂　刘　杨

中国科学技术大学出版社

内 容 简 介

本书介绍了数据库基础知识、数据库设计方法和 Access 2010 操作技术,既有自己的理论体系又有实践性和实用性;既关注学习基本概念又注重训练实际技能,培养读者的动手能力和知识的综合应用能力。本书内容包括数据库基础知识、数据库和表、查询、窗体、报表、宏、VBA 编程基础、Access 2010 应用程序设计等。本书提供应用案例视频及教学课件,方便读者掌握相应知识。

本书适合计算机相关专业学生学习使用,也可供有兴趣的读者自学。

图书在版编目(CIP)数据

Access 数据库程序设计/李平主编. —合肥:中国科学技术大学出版社,2016.10(2020.8 重印)
ISBN 978-7-312-04037-5

Ⅰ. A… Ⅱ. 李… Ⅲ. 关系数据库系统—程序设计 Ⅳ. TP311.138

中国版本图书馆 CIP 数据核字(2016)第 171883 号

出版	中国科学技术大学出版社
	安徽省合肥市金寨路 96 号,230026
	http://press.ustc.edu.cn
	https://zgkxjsdxcbs.tmall.com
印刷	合肥华苑印刷包装有限公司
发行	中国科学技术大学出版社
经销	全国新华书店
开本	787 mm×1092 mm 1/16
印张	16.25
字数	434 千
版次	2016 年 10 月第 1 版
印次	2020 年 8 月第 2 次印刷
定价	40.00 元

前　言

数据,已经渗透到当今每一个行业和领域中,成为重要的生产力因素。人们对于数据库技术的挖掘和运用,促进了新一轮的生产力的增长和生活方式的变革。数据库技术是现代计算机技术的重要组成部分,它研究和解决计算机信息处理过程中的大量数据如何有效组织和存储的问题。有了数据库技术,人们才能在浩瀚的信息世界中有条不紊、游刃有余地畅游。

本书介绍了数据库基础知识、数据库设计方法和 Access 操作技术,既有自己的理论体系又有实践性和实用性;既关注学习基本概念又注重训练实际技能,培养读者的动手能力和对知识的综合应用能力。全书共分为 8 章,包括数据库基础知识、数据库和表、查询、窗体、报表、宏、VBA 编程基础和 VBA 数据库编程,各章既各自独立又相互关联。

本书是纸质出版物与数字化媒体相结合的产物。本书内容与安徽省网络课程学习中心在线 MOOC 课程"数据库基础"有机结合,读者在阅读本书的同时可以通过观看 MOOC 视频学习相关内容。通过微信、支付宝等手机 APP 扫描书中的二维码,进入"安徽省网络课程学习中心——数据库基础"主页面,点击"继续学习",输入登录账号和密码(首次登录需注册),再点击"登录",即可选择相应章节的学习视频。"数据库基础"MOOC 课程视频由刘杨、洪梅、杨斐、张晓慧、童得茂、张华等教师提供。他们把课堂教学经验与网络教学资源结合,营造出更加优良的教学环境,以多样化的教学形式、高效的教学手段,让读者亲身感受数据的魅力,进入数据库程序设计之门,轻松掌握数据管理技术。本书文字部分结合了安徽省教育厅的《全国高等学校(安徽考区)计算机水平考试教学(考试)大纲(2015)》,参考教育部考试中心的"全国计算机等级考试二级教程——Access 数据库程序设计"和安徽省网络课程学习中心的"数据库基础"网络课程等资料。

在此对有关单位和个人表示感谢。

　　由于作者水平和能力有限,在写作过程中虽然已竭尽所能,但书中仍难免存在不足甚至错误之处,敬请读者朋友批评指正。

作　者

2016 年 6 月

目 录

第 1 章　数据库基础知识

　　数据库技术是计算机进行数据管理的一种技术,数据管理工作占了计算机应用的 60％以上。本章将带你了解数据库,走进数据库,学习数据库的基础知识和基本概念。

1.1　走进数据库

　　数据库研究什么? 学习它有用吗? 这是初次接触数据库的人士首先想知道的。要找到这两个问题的答案,需要了解数据库,走进数据库(视频 1.1)。

1.1.1　数据与数据处理

视频 1.1　走进数据库

1. 数据

　　数据(Data)是指保存在存储介质上的描述事物的符号记录。学生的学号、姓名、年龄、照片等档案记录,天气预报资料等都是数据。数据可以是存储在不同介质上的文字、数字、图形、图像、声音等,如纸质发票、电子文档、声音、视频等,它们都可以经过数字化后存入计算机。数据表示形式多样,如日期数据,既可以表示成 20160910,也可表示成 2016-09-10,还可是 2016/09/10。数据经过解释并赋予一定的意义之后,便成为信息。

2. 数据处理

　　数据处理(Data Processing)是指将数据转换为信息的过程。它主要对所输入的各种形式的数据进行加工整理,其过程包含对数据的收集、存储、加工、分类、归并、计算、排序、转换、检索和传播的演变与推导的全过程。它从大量的原始数据中抽取出有价值的信息,将数据转换成信息。

3. 数据管理

　　数据管理是利用计算机硬件和软件对数据进行有效地收集、存储、处理和应用的过程。
　　在数据处理中计算通常比较简单,而对数据的管理则比较复杂。由于要管理的数据多且种类繁杂,从数据管理角度而言,不仅要使用数据,而且要有效地管理数据。因此需要一个通用的、使用方便且高效的管理软件,把数据有效地管理起来。
　　数据处理与数据管理是相联系的,数据管理技术的优劣将对数据处理的效率产生直接影响。而数据库技术就是针对该需求目标进行研究并发展和完善起来的一个计算机应用的分支。

1.1.2　数据库与数据库系统

1.　数据库

数据库(Data Base,DB)是存储在计算机存储设备上的、结构化的相关数据集合。数据库不仅包括描述事物的数据本身,而且还包括相关事物之间的联系。数据库中的数据按一定的数据模型组织、描述和存储,具有较小的冗余度、较高的数据独立性和易扩展性,并可供各种用户共享。

2.　数据库系统

数据库系统(Data Base System,DBS)是指引入数据库后的计算机系统。一般由数据库管理系统及其开发工具、应用系统、数据库管理员和用户构成。数据库系统的任务目标是解决数据冗余、实现数据共享并解决由数据共享带来的数据完整性、安全性及并发控制等一系列问题。数据库系统的构成如图 1.1 所示。

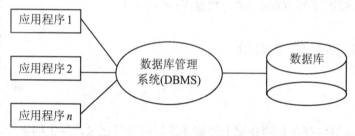

图 1.1　数据库系统中数据与程序的关系

数据库系统的特点如下:
① 实现数据共享,减少数据冗余;
② 采用特定的数据模型;
③ 具有较高的数据独立性;
④ 有统一的数据控制功能。

3.　数据库应用系统

数据库应用系统(Data Base Application System,DBAS)是由系统开发人员利用数据库系统资源开发出来的、面向某一类实际应用的应用软件系统。例如,以数据库为基础开发的图书管理系统、学生管理系统或人事管理系统等。

4.　数据库管理系统

数据库管理系统(Data Base Management System,DBMS)是为建立、使用和维护数据库而配置的软件,是位于用户与操作系统之间的数据管理软件。如 Oracle、SQL Server、Access 以及 FoxPro 等都是数据库管理系统。Access 是微软公司开发的 Office 办公套件中的一个组成部分,是目前世界上较流行的关系型数据库管理系统之一,它适用于中小型数据库应用系统。

通常,DBMS 提供数据库定义和数据装入功能,以及数据操纵(包括检索与数据存取操作)、数据控制(包括安全性、完整性和并发控制)和数据库维护(包括数据库整理、修改与重定义等)等功能。

数据库管理系统是数据库系统的核心软件,支持对数据库的基本操作,其主要目标是使数据成为方便用户使用的资源,易于为各种用户所共享,并增进数据的安全性、完整性和可用性。

(1) 数据库管理系统(DBMS)的主要功能

① 数据定义;

② 数据操纵;

③ 数据库运行管理;

④ 数据的组织、存储和管理;

⑤ 数据库的建立和维护;

⑥ 数据通信接口。

(2) DBMS 的组成部分

① 数据定义语言及其翻译处理程序;

② 数据操纵语言及其编译程序;

③ 数据库运行控制程序;

④ 实用程序。

数据库系统的层次结构如图 1.2 所示。

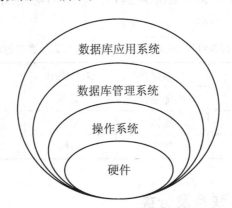

图 1.2　数据库系统层次示意图

1.2　数　据　模　型

数据库需要根据应用系统中数据的性质、内在联系,按照管理的要求来设计和组织。即需要将现实世界转换为机器世界。数据模型就是从现实世界到机器世界的中间层次,是对现实世界的模拟(视频 1.2)。

视频 1.2　数据模型

1.2.1　实体描述

1. 实体(Entity)

描述现实世界客观存在并且可以相互区别的事物叫实体。实体可以是具体的人、物,也可以是抽象事件,如学生实体、职工实体等。

2. 实体的属性

实体的属性为实体所具有的某一特性。一个实体可以由若干个属性来描述。属性的取值范围称为域,也可称为属性值。如学生实体有学号、姓名、性别、出生日期等属性。

3. 实体集和实体型

属性值的集合表示一个实体,属性的集合表示一种实体的类型,称为实体型,同型实体的集合称为实体集。学号、姓名、性别、出生日期是实体型,全体学生是实体集,具体到一个学生(201501102,张山,男,1995-09-09)是一个实体。

将现实世界转换为机器世界,需要将事物转换为实体,现实世界、模型世界、关系世界、计算机世界的对应关系如表 1.1 所示。

表 1.1　现实世界、模型世界、关系世界、计算机世界的对应关系

现实世界	模型世界	关系模型	计算机世界
事物集合	实体集合	关系	表
事物	实体	元组	记录
事物特性	属性	属性	字段

1.2.2　实体间的联系及分类

实体之间对应的关系称为联系,它反映了现实世界事物之间的相互关联。例如,一个顾客可以光顾多家商店,一家商店可以接纳多名顾客。

实体之间联系的种类是指一个实体型中一个实体与另一个实体型中最多多少个实体存在联系。实体之间的联系可分为以下三类:

1. 一对一联系

有 A、B 两个实体型,若 A 中的每一个实体,最多对应 B 中的一个实体,反之 B 中的一个实体,对应 A 中的一个实体,则称 A、B 之间存在一对一的联系。例如,学生实体与身份证实体之间存在一对一联系(图 1.3)。

2. 一对多联系

A、B 两个实体型,若 A 中的每一个实体与 B 中的多个实体相关联,反之,B 中的一个实体,

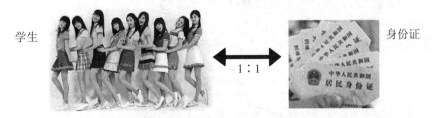

图 1.3　学生实体与身份证实体联系

对应 A 中的一个实体,则称 A、B 之间存在一对多联系。A 为主方,B 为相关方。例如,班主任实体与学生实体之间就存在一对多联系,如图 1.4 所示。

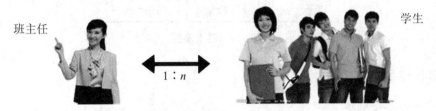

图 1.4　班主任实体与学生实体联系

3. 多对多联系

A、B 两个实体型,若 A 中的每一个实体,可以对应 B 中的多个实体,反之 B 中的每一个实体,可以对应 A 中的多个实体,则称 A、B 之间存在多对多联系。例如,顾客实体与商店实体之间存在多对多联系,如图 1.5 所示。

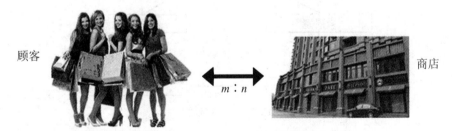

图 1.5　顾客实体与商店实体联系

1.2.3　数据模型简介

为反映事物本身及事物之间的各种关系,数据库中的数据必须有一定的结构,这种结构称为数据模型。

数据模型是数据库管理系统用来表示实体及实体间联系的方法。数据模型分为层次模型、网状模型、关系模型。

1. 层次数据模型

层次模型是数据库系统中最早出现的数据模型,它用树形结构表示了各类实体以及实体间的联系。若用图示来表示,则层次模型如同一株倒立的树。

在数据库中,满足以下条件的数据模型称为层次模型:

① 有且仅有一个结点无父结点,这个结点称为根结点;

② 其他结点有且仅有一个父结点,图 1.6 所示即为层次模型。

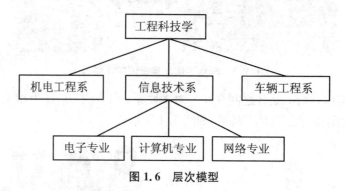

图 1.6 层次模型

2. 网状模型

网状模型是一个网络。

在数据库中,满足以下两个条件的数据模型称为网状模型:

① 允许一个以上的结点无父结点;

② 一个结点可以有多于一个的父结点,如图 1.7 所示。

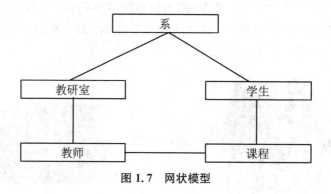

图 1.7 网状模型

3. 关系数据模型

在数据库中,结点呈线性排列的数据模型称为关系模型。关系模型是用二维表结构来表示实体和实体之间的联系的,一个关系对应一个二维表格,如图 1.8 所示为"成绩"表的关系。

学号	姓名	语文	数学	英语	总分
1006	王×	65	78	65	208
1007	巴×	63	90	44	197
1008	鲍××	66	92	67	225
1009	王××	60	76	87	223
1010	吴××	90	60	90	240
1011	方×	89	69	92	250

图 1.8 "成绩"表

二维表由行和列组成,其中行也称为记录,用来记录实体;列也称为属性,用来记录实体的某种特征。

1.3　关系数据库

在关系模型中,一个关系的逻辑结构就是一张二维表。这种用二维表的形式表示实体和实体间联系的数据模型称为关系模型(视频 1.3)。

1.3.1　术语

视频 1.3　关系数据库

1. 关系和关系模式

(1) 关系

一个关系就是一张二维表。每个关系有一个关系名,在 Access 中,一个关系存储为一个表。

对关系的描述称为关系模式,一个关系模式对应一个关系的结构,其格式如下:

关系名(属性名 1,属性名 2,……,属性名 n)

【例 1.1】　请写出表 1.2、表 1.3 的关系模式。

表 1.2　教师表

编号	姓名	性别	工作时间
1001	张×	男	2001 - 9 - 1
1002	李×	男	2010 - 5 - 6
1003	王×	女	2012 - 7 - 7
1004	丁×	男	2009 - 2 - 3

表 1.3　工资表

编号	姓名	基本工资	奖金
1002	李×	3 600	1 000
1001	张×	2 780	900
1003	王×	2 690	800
1004	丁×	3 000	1 100

解　教师表的关系模式:

教师表(编号,姓名,性别,工作时间)

工资表的关系模式:

教师表(编号,姓名,基本工资,奖金)

（2）元组

二维表的一行。

（3）属性

二维表的一列。

（4）域

属性的取值范围。

（5）关键字

其值能够唯一地标志一个元组的属性或属性的组合。

（6）外部关键字

表中的字段不是本表的主关键字，而是另外一个表的主关键字，该字段称为本表的外部关键字。

1.3.2　关系的特点

并非任意一个二维表都是关系，可以称为关系的二维表必须具有以下特点：

① 关系必须规范化，每一个属性（列）必须是不可再分的数据单元，即不能有表中套表的现象存在；

② 在同一个关系中不能出现相同的属性名（列标题）；

③ 在一个关系中不能有完全相同的记录（行）；

④ 在一个关系中元组的次序无关紧要，任意两行的位置互换不影响数据的实际含义；

⑤ 在一个关系中字段的次序可以任意交换，不影响其信息内容。

1.3.3　关系的完整性规则

关系的完整性规则有：

① 实体完整性；

② 参照完整性；

③ 用户定义完整性。

1.3.4　实际关系模型

遇到实际问题怎样用数据库知识解决呢？怎样建立与之对应的数据库呢？

一个实际的关系数据库由若干个关系模式组成，在 Access 中，一个数据库中包含了相互之间存在联系的多个表，这个数据库文件就代表一个实际的关系模型。为了反映各个表所表示的实体之间的联系，公共字段名起着联系各表的"桥梁"作用。

【例 1.2】　学校职工管理数据库中的职工数据—职工工资关系模型和公共字段名的作用。

设学校职工管理数据库中包含了"职工数据表"和"职工工资表"：

　　　　职工数据表（编号，姓名，性别，工作时间，……）

　　　　职工工资表（编号，姓名，基本工资，奖金，……）

职工数据—职工工资关系模型包括以上关系模式和图 1.9 所示的关系。

【例 1.3】　教务管理中的"学生表"、"课程表"、"选课成绩表"关系模型。

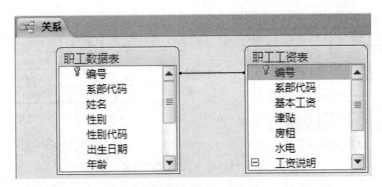

图 1.9　教师与工资的关系

"学生表""课程表""选课成绩表"的关系模式如下：

　　　学生表(学生编号,姓名,性别,出生年月,所在院系)

　　　课程表(课程编号,课程名称,课程类别,学分)

　　　选课成绩表(选课 ID,学生编号,课程编号,成绩)

三表之间的关系如图 1.10 所示。

教务管理中的"学生表""课程表""选课成绩表"关系模型包括以上关系模式和图 1.10 所示的关系。

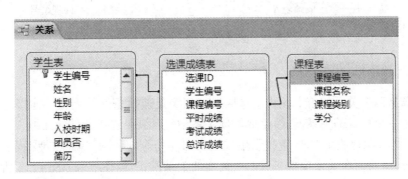

图 1.10　"学生表""课程表""选课成绩表"关系

1.3.5　关系运算

关系的基本运算有两类,一类是传统的集合运算,另一类是专门的关系运算。专门的关系运算包括选择、投影、连接和自然连接。

1. 选择(Select)

选择运算是从关系模式中找出满足条件的元组的操作(从表中选择符合条件的行(记录))。

【例 1.4】　在学生成绩表 R 中查找成绩为优(≥90 分)的学生就需要利用选择运算,运算结果如图 1.11 所示。

2. 投影(Project)

投影运算从关系模式中指定若干个属性组成新的关系(从表中指定某些列)。

学生编号	姓名	课程编号	成绩
110104	张一	KC001	85
110105	张二	KC001	80
110106	张三	KC001	90
110107	李四	KC002	75
110110	刘六	KC002	95
110111	陈七	KC002	92

学生成绩表 R

学生编号	姓名	课程编号	成绩
110106	张三	KC001	90
110110	刘六	KC002	95
110111	陈七	KC002	92

成绩为优的学生

图 1.11　对 R 进行选择运算

【例 1.5】 从学生成绩表 R 中查询已有哪些课程给出了学生成绩,则可以对"课程编号"进行投影运算,运算结果如图 1.12 所示。

学生编号	姓名	课程编号	成绩
110104	张一	KC001	85
110105	张二	KC001	80
110106	张三	KC001	90
110107	李四	KC002	75
110110	刘六	KC002	95
110111	陈七	KC002	92

学生成绩表 R

课程编号
KC001
KC002

课程编号

图 1.12　对 R 进行投影运算的结果

3. 连接(Join)

连接运算从两个关系的笛卡儿积中选取属性值满足连接条件的元组。连接运算将两个关系模式拼接成一个更宽的关系模式,生成的新关系中包含满足连接条件的元组。

【例 1.6】 有课程关系 S,要查找学生成绩表 R 中每个课程编号对应的课程名称。这是关系的横向结合,即将两个关系模式拼成一个更宽的关系模式,运算结果如图 1.13 所示。

选课编码	课程名称	课程类别	学分
KC001	计算机实用软件	必修课	3
KC002	英语	必修课	6
KC003	Access	必修课	3

课程关系 S

学生编号	姓名	课程编号	成绩
110104	张一	KC001	85
110105	张二	KC001	80
110106	张三	KC001	90
110107	李四	KC002	75
110110	刘六	KC002	95
110111	陈七	KC002	92

学生成绩表 R

学生编号	姓名	课程编号	课程名称	成绩
110104	张一	KC001	计算机实用软件	85
110105	张二	KC001	计算机实用软件	80
110106	张三	KC001	计算机实用软件	90
110107	李四	KC002	英语	75
110110	刘六	KC002	英语	95
110111	陈七	KC002	英语	92

图 1.13　R 与 S 的连接运算

4. 自然连接(Natural Join)

在连接运算中,按照字段值对应相等为条件进行的连接操作称为等值连接,是去掉重复属性的等值连接,是最常用的连接运算。

1.4　数据库设计基础

数据库设计实质上是设计出满足实际应用需求的实际关系模型。在 Access 中具体表现为数据库和表的结构设计合理,不仅存储了所需要的实体信息,而且能反映出实体之间客观存在的联系,以方便数据查找(视频 1.4)。

1.4.1　数据库设计原则

视频 1.4　设计数据库

数据库设计原则如图 1.14 所示,可用 16 个字表示:"一事一地、列不重复、原始数据、建立联系。"

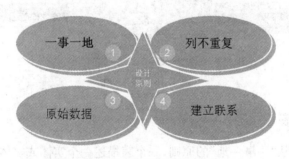

图 1.14　数据库设计原则

① 关系数据库的设计应遵从概念单一化的原则,即"一事一地";
② 避免在表之间出现重复字段;
③ 表中的字段必须是原始数据和基本数据元素;
④ 用外部关键字保证有关联的表之间的联系。

1.4.2　数据库设计步骤

数据库设计步骤共五步,如图 1.15 所示。
① 需求分析,确定建立数据库的目的,有助于确定数据库要保存哪些信息;
② 确定数据库中的表,可以着手将需求信息划分成一个独立的实体,每个实体都可以设计为数据库中的一个表;
③ 确定表中的字段,确定在每个表中要设立哪些字段,确定关键字、数据类型、长度等;
④ 确定表之间的关系;
⑤ 设计求精,进一步优化设计。

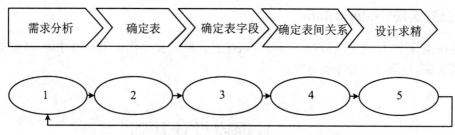

图 1.15　数据库设计步骤

1.4.3　数据库设计过程

1. 需求分析

确定数据库的用途,这有助于其他步骤有目的地进行,包括如图 1.16 所示的内容。

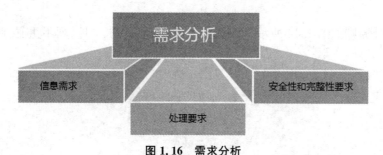

图 1.16　需求分析

2. 确定需要的表

根据需求分析,遵从"一事一地"的原则,一个表描述一个实体或实体间的一种联系,将信息分成基本实体。每个表应该只包含与一个主题相关的信息。表中不应包含重复信息。

3. 确定需要的字段

确定每个表应包含哪些字段:
① 字段直接和表的实体相关;
② 以最小的逻辑单位存储信息;
③ 表中的字段必须是原始字段;
④ 确定主关键字。

4. 确定联系

确定了表、表结构和表中主关键字后,还需要确定表之间的联系,将不同表中的相关数据联系起来。

要建立两个表的联系,可以把其中一个表的主关键字添加到另一个表中,使两个表都有该字段。因此,需要分析各表所代表的实体之间的联系,实体间的联系有一对一联系、一对多联系和多对多联系。

5. 设计求精

再次研究设计方案,找出不足,消除缺陷,完善设计。

进一步分析设计方案,查找其中的错误。检查如下项目:是否遗忘了字段;是否存在保持大量空白的字段;是否有包含了同样字段的表;表中是否带有不属于该表所代表实体的字段;是否在某个表中输入了重复的信息;是否为每个表选择了合适的主键;是否有字段很多而记录很少而且许多记录中的字段值为空的表。

1.5　Access 简介

Access 是微软公司开发的面向办公自动化的关系型数据库管理系统。它同时又是一个非常强大的前端应用开发工具,像 Excel 一样便于使用。利用它可以方便地建立日常管理数据库,并搭建复杂而又稳定的应用系统。因此,目前 Access 广泛应用于许多企业或机构的日常管理(视频 1.5)上。

视频 1.5　建立数据库-1

1.5.1　Access 简介

Access 是一种关系型数据库管理系统,是 Microsoft Office 的组成部分之一。Access 1.0 诞生于 20 世纪 90 年代初期,目前 Access 2010 已经得到广泛使用。历经多次升级改版,其功能越来越强大,但操作反而更加简单。尤其是 Access 与 Office 高度集成,风格统一的操作界面使得许多初学者很容易掌握它。Access 应用广泛,可操作其他来源的数据,包括许多流行的 PC 数据库程序(如 DBASE、Paradox、FoxPro)和服务器、小型机、大型机上的 SQL 数据库。此外,Access 还提供了基于 Windows 操作系统的高级应用程序开发系统。Access 与其他数据库开发系统相比较有一个明显的特点:用户不用编写代码就可以在很短的时间里开发出一个功能强大且相当专业的数据库应用程序,并且这一过程是完全可视的,如果能给它加上一些简短的 VBA 代码,那么开发出的程序可以与专业程序员潜心编写的程序一样好。

总之,Access 发展到现在已经向用户展示出了其易于使用和功能强大的特性。

1.5.2　Access 数据库的体系结构

Access 窗口中包含 6 种对象:表、查询、窗体、报表、宏和模块,如图 1.17 所示。

1. 表

表是关于特定主题的数据的集合。Access 中的表都是二维表,每个表都由表名、字段和记录组成。表是数据库的核心与基础,数据库中的数据就存放在表中。

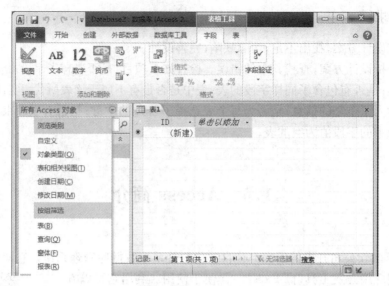

图 1.17　Access 界面

2. 查询

查询是 Access 进行数据查找并对数据进行分析、计算、更新及其他加工处理的数据库对象。查询是通过从一个表或多个表中提取数据并进行加工处理而生成的。查询只是一个结构，它在使用的时候会根据结构从相应的表中提取数据。

3. 窗体

窗体是 Access 数据库与用户交流的接口，它将数据表和查询结果以一种比较直观和友好的界面提供给用户。窗体上面可以放置控件，通过窗体上的控件可以方便而直观地访问数据表，使数据输入、输出和修改更加方便。

4. 报表

报表是 Access 中专门为数据计算、归类、汇总、排序而设计的一种数据整理打印工具。在报表中可以按照一定的要求和格式对数据加以概括汇总，并将结果打印出来或者直接输出到文件中。

5. 宏

宏是指一个或多个操作组成的集合，其中每个操作都能实现特定的功能。宏是一种操作命令，它和菜单操作命令是一样的，只是它们对数据库施加作用的时间有所不同，作用时的条件也有所不同。

6. 模块

模块是子程序和函数的集合，如一些通用的函数、通用的处理过程、复杂的运算过程以及核心的业务处理等。利用模块可以提高代码的可重用性，同时有利于代码的组织与管理。

1.5.3 Access 2010 主界面

Access 2010 用户界面由 3 个主要部分组成,包括后台视图、功能区和导航窗格。如图 1.18 所示为后台视图。在图 1.19 中,①为功能区,②为导航窗格。功能区中每一个选项卡包括若干组,如,创建选项卡包括表格组、查询组、窗体组、报表组等。

图 1.18　Access 2010 的后台视图

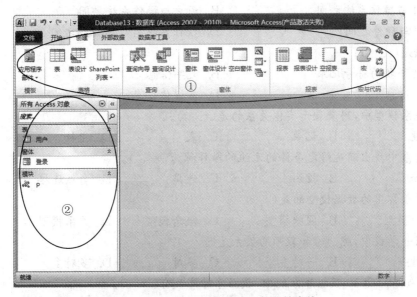

图 1.19　Access 2010 的功能区与导航窗格

1.5.4 使用 Access 帮助

使用 Access 2010 帮助同使用 Office 家族其他成员的帮助一样。开发所需要的内容、所有的操作问题都可以在联机帮助里找到答案。Access 的联机帮助涵盖了几乎所有 Access 使用中的问题。

按"F1"可进入 Access 联机帮助。

练 习 1

一、选择题

1. DBMS 是（　　）的英文缩写。

A. 数据库　　　　　　　　　　　　B. 数据库系统

C. 数据库管理系统　　　　　　　　D. 数据库应用系统

2. Access 数据库是（　　）。

A. 层次数据库　　　　　　　　　　B. 网状数据库

C. 关系数据库　　　　　　　　　　D. 面向对象数据库

3. Access 是一个（　　）。

A. 数据库文件系统　　　　　　　　B. 数据库系统

C. 数据库应用系统　　　　　　　　D. 数据库管理系统

4. 数据库管理系统位于（　　）。

A. 硬件与操作系统之间　　　　　　B. 用户与操作系统之间

C. 用户与硬件之间　　　　　　　　D. 操作系统与应用程序之间

5. 数据是（　　）。

A. 描述事物的符号记录　　　　　　B. 文字信息

C. 图片信息　　　　　　　　　　　D. 多媒体信息

6. 在关系模型中，用来表示实体关系的是（　　）。

A. 字段　　　　　B. 记录　　　　　C. 表　　　　　D. 指针

7. 从关系中找出满足给定条件的元组的操作称为（　　）。

A. 选择　　　　　B. 投影　　　　　C. 连接　　　　　D. 自然连接

8. 不属于常用的数据模型的是（　　）。

A. 层次模型　　　B. 网状模型　　　C. 概念模型　　　D. 关系模型

9. 在同一学校中，院（系）和教师的关系是（　　）。

A. 一对一　　　　B. 一对多　　　　C. 多对一　　　　D. 多对多

10. 在 Access 2010 数据库系统中，数据库对象共有（　　）。

A. 5 种　　　　　B. 6 种　　　　　C. 7 种　　　　　D. 8 种

11. 在 Access 中，用来表示实体的是（　　）。

A. 域　　　　　　B. 字段　　　　　C. 记录　　　　　D. 表

12. 从关系模式中，指定若干属性组成新的关系称为（　　）。

A. 选择　　　　　B. 投影　　　　　C. 连接　　　　　D. 自然连接

13. 下列关于实体描述错误的是（　　）。

A. 实体是客观存在并相互区别的事物

B. 不能用于表示抽象的事物

C. 即可以表示具体的事物，也可以表示抽象的事物

D. 实体之间存在联系

14. 数据库管理系统所支持的传统数据模型有( )。

A. 层次模型   B. 网状模型

C. 关系模型   D. 以上三项都是

15. 为了合理组织数据,应遵循的设计原则是( )。

A. "一事一地"原则,即一个表描述一个实体或实体间的一种联系

B. 表中的字段必须是原始数据和基本数据元素,并避免在表中出现重复字段

C. 用外部关键字保证有关联的表之间的联系

D. 以上三项都是

二、填空题

1. 与文件系统相比,数据库系统的数据冗余度_____,数据共享性_____。

2. 常用的数据模型有_____、_____和_____。

3. 用树型结构表示实体类型及实体间联系的数据模型称为_____;用二维表格表示实体类型及实体间联系的数据模型称为_____。

4. 二维表中的一行称为关系的_____,二维表中的一列称为关系的_____。

5. 关系中能够唯一标志某个记录的字段称为_____字段。

6. 三个基本的关系运算是_____、_____、_____。

7. 用二维表的形式来表示实体之间联系的数据模型叫做_____。

8. 在关系型数据库中,每一个关系都是一个_____。

9. 如果表中的一个字段不是本表的关键字,而是另外一个表的主关键字,这个字段就称为_____。

10. 一个具体的关系模型由若干个_____组成。

第 2 章　数据库和表

本章介绍如何创建 Access 数据库、如何创建表以及如何编辑和使用表。

2.1　创建数据库

Access 数据库是存储数据信息的容器,其主要对象包括表、查询、窗体、报表、宏和模块,这些对象都存储在数据库中。必须先创建数据库,再创建各类对象(视频 2.1)。

视频 2.1　建立数据库-2

2.1.1　数据库创建方法

创建数据库常用两种方法,一是使用 Access 提供的模板,通过简单的操作即可以创建数据库;二是建立一个空数据库,然后向其中添加数据库对象。Access 2010 数据库文件的默认扩展名为".accdb"。

1. 使用模板创建数据库

Access 提供多种可选的数据库模板,可利用模板快速建立数据库及数据库对象,再按自己的要求修改。

【例 2.1】　使用数据库模板创建"学生"数据库,并保存在 D 盘根目录 Access 文件夹中。

操作步骤:

① 在 D 盘根目录建立名为"Access"的文件夹;

② 依次单击图 2.1 中的①、②、③、④,在⑤处选择 D 盘 Access 文件夹并在文本框中输入"学生",单击⑥"创建"按钮。

2. 创建空数据库

【例 2.2】　创建一个"教务管理"数据库,并将建好的数据库保存在 D 盘根目录 Access 文件夹中。

操作步骤:

① 在 D 盘创建名为"Access"的文件夹;

② 启动 Access 2010,依次单击图 2.2 中的①和②;

③ 在右侧③处输入"教务管理"文件名,选择文件的保存位置 D 盘 Access 文件夹;

④ 单击④"创建"按钮。

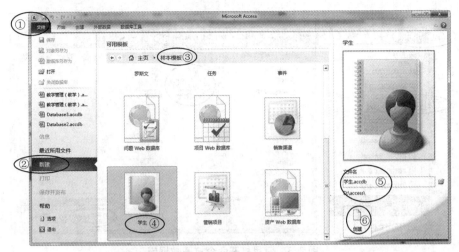

图 2.1　利用模板创建数据库

图 2.2　创建空数据库

2.1.2　打开和关闭数据库

建好数据库后,就可以对其进行各种操作了,如添加数据库对象、修改对象的内容等。无论要对数据库进行什么操作,都需要先打开数据库,在操作完成后则需要关闭数据库。

1. 打开数据库

打开数据库的方法有三种:

(1) 方法 1:使用打开命令

操作步骤:依次单击图 2.3 中所示的①、②,在③处选择存放数据库文件的文件夹,单击④处的要打开的文件,单击⑤处的"打开"按钮。

(2) 方法 2:使用"最近所用文件"命令

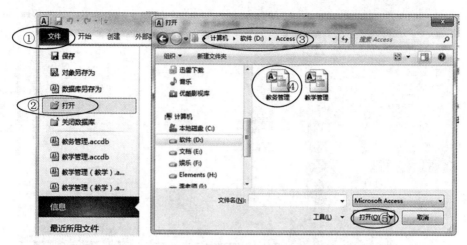

图 2.3　使用打开命令打开数据库

【**例 2.3**】　打开"教务管理"数据库。

操作步骤：依次单击图 2.4 中所示的①、②、③。

图 2.4

（3）方法 3：双击数据库文件。

操作步骤：找到存储数据库文件的文件夹并打开，双击要打开的数据库文件。

2. 关闭数据库

常见的数据库关闭方法有以下几种：

① 单击 Access 窗口右上角的关闭按钮"　"；

② 双击 Access 窗口左上角的控制菜单图标"　"。

③ 单击 Access 窗口左上角的控制菜单图标"　"，从打开的菜单中选择"关闭"命令；

④ 选择"文件"菜单下的"关闭"命令。

2.2　创　建　表

表的主要功能是存储数据,它是存储和管理数据的对象,是数据库其他对象的数据来源和操作的依据,是 Access 数据库的基础。有了空数据库,接下来要创建表对象和表之间的关系,以提供数据的存储构架,再创建其他 Access 对象,最终形成完整的数据库。

2.2.1　表的组成

Access 表由表结构(框架)和表内容(记录)两部分构成。对表的操作是通过对表结构和表内容分别进行操作实现的(视频 2.2)。

表的结构也就是数据表的框架,主要包括表名、字段名称、数据类型和字段属性等部分。表名、表结构和表数据是表的三要素(视频 2.3)。

视频 2.2　建表的三要素

视频 2.3　如何实现
三要素

1. 表名与字段名

(1) 表名

表名是该表存储在磁盘上的唯一标志,也可以理解为用户访问数据的唯一标志。

(2) 字段名

每个字段都具有唯一的名字,称为字段名。字段名是表的列标题。

(3) Access 2010 字段名命名规则

① 长度为 1~64 个字符;

② 可以包含字母、汉字、数字、空格和其他字符,但不能以空格开头;

③ 不能包含句号、惊叹号、方括号和单引号;

④ 不能使用 ASCII 码为 0~32 的字符。

2. 数据类型

根据关系数据库理论,表由若干列组成,每一列都有固定的数据类型,也就是说,一个表中的同一列数据应具有相同的数据特征,称为字段的数据类型。数据的类型决定了数据的存储方式和使用方式。Access 2010 支持文本型、备注型、数字型、日期/时间型、货币型、自动编号型、是/否型、OLE 对象型、超级链接型、查阅向导型、附件型和计算型等 12 种数据类型,详见表 2.1。

表 2.1　数据类型

类 型 名	可存储数据	示　　例	说　　明
文本型(Char)	字符和数字	姓名、地址或电话号码	最长 255 位,可根据需要修改默认值
备注型(Memo)	长文本与数字的组合	个人简历	最多 65 535 个字符,不能排序,不能索引

续表

类型名	可存储数据	示　　例	说　　明
数字型（Number）	可以进行计算的数字	字节型	表示一个单字节整数，范围为 0～255
		整数型	范围为 −32 768～32 768
		长整数型	表示一个 4 字节整数，范围为 −2 147 483 648～2 147 483 648
		单精度型	表示一个 4 字节浮点数，范围为 −3.4×10^{38}～3.4×10^{38}
		双精度型	表示一个 8 字节浮点数，能表示的范围最大
日期/时间型（Date/Time）	100～9 999 范围内的日期及时间	1992-12-10	可以进行比较，固定 8 个字节长度
货币型（Currency）	货币值或用于数字计算的数字数据	￥567.00 $ 345	输入时系统自带货币符号和千分位符号
自动编号型（AutoNumber）	添加记录时自动按照事先的约定进行有规律变化的添加的数据	1	自动编号会永远与记录连接，如果某条记录被删除，那么它所对应的编号也被永久删除，长度为 4 字节
是/否型（Yes/No）	记录逻辑型数据	Ture，False	只能取两个值中的一个，占用 1 个字符，长度为 1 字节
OLE 对象型（Object）	可单独链接或嵌入 OLE 对象	图像、声音	部分程序只能通过窗体或报表中的控件才能显示
超级链接型（Hyperlink）	用于保存超链接的数据，以文本或数字的形式表现		
附件型	用于存储所有种类的文档和二进制文件		
计算型	用于显示计算结果，计算时必须引用同一个表中的其他字段		
查阅向导型（Lookup Wizard）	使用组合框来选择一个表或一个自行设计列表中的值		

视频 2.4 所示为数据类型。

3. 字段属性

字段属性包括表中各字段的大小、格式、输入掩码、有效性规则、有效性文本、索引等，是表的组织形式。通过定义字段属性，可以限制向表中输

视频 **2.4**　类据类型

入的数据的类型和范围,也可以控制数据的显示形式。不同数据类型的字段,其属性会有所不同。由图 2.5 可见文本型字段属性和数字型字段属性的不同。

图 2.5 文本型字段与数字型字段属性对照

2.2.2 建立表结构

建立表结构包括定义表名、定义字段名称、数据类型、设置字段属性等。建立表结构有两种方法,一是使用数据表视图创建,二是使用设计视图创建(视频 2.5)。

1. 使用数据表视图创建表结构

数据表视图如图 2.6 所示,它按行和列显示表中数据,在此视图中,可以进行字段的添加、编辑和删除,可以实现数据的排序、查找及筛选等操作。在数据表视图中可直接在字段名处输入字段名,进入设计视图修改字段的其他属性。

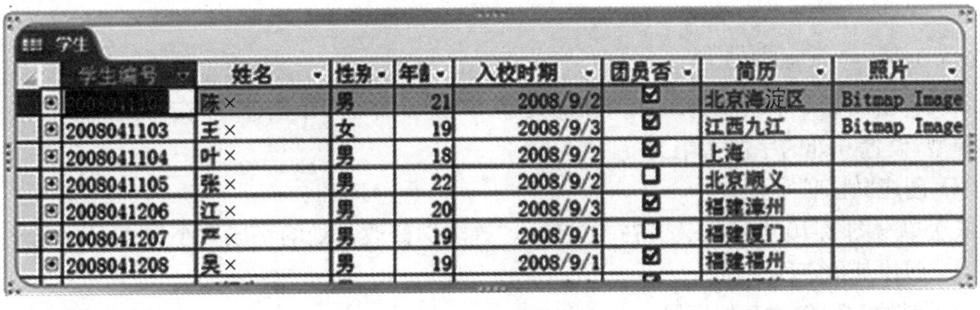

视频 2.5 建立表结构

图 2.6 数据表视图

【例 2.4】 建立"教师"表结构,表结构如图 2.7 所示。

操作步骤:

(1) 打开数据表视图

依次单击图 2.8 中所示的①、②,出现类似于③的数据表视图。

字段名	类型	字段大小
教师编号	文本	5
姓名	文本	4
性别	文本	1
工作时间	日期时间	
政治面貌	文本	2
学历	文本	5
职称	文本	5
系别	文本	2
电话号码	文本	16

图 2.7　"教师"表结构

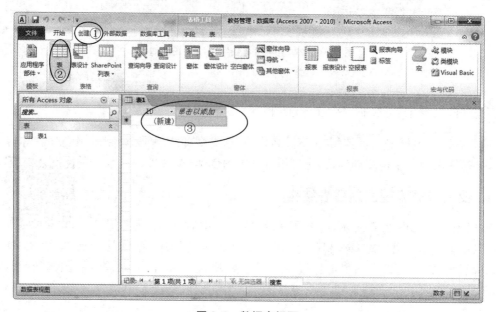

图 2.8　数据表视图

（2）创建"教师编号"字段

依次单击图 2.9 中所示的①、②，在③处输入"教师编号"，单击④，单击⑤处的下拉按钮，选择文本型，设置⑥处的字段大小为 5。

（3）创建"姓名"字段

依次单击图 2.10 中的①、②，在③处输入"姓名"，修改④处的字段大小为 4。

（4）创建其他字段

用类似的方法创建其他字段。

（5）保存"教师"表

单击图 2.11 中所示的①，在②处输入表名，单击③"确定"按钮。

若有需要，可以在设计视图中打开表，修改表字段的其他属性。

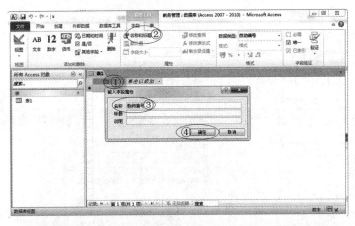

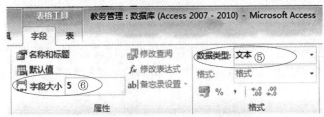

图 2.9　创建"教师"表的编号字段

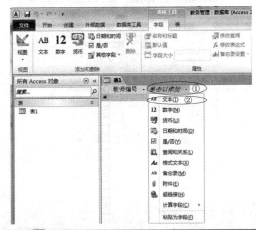

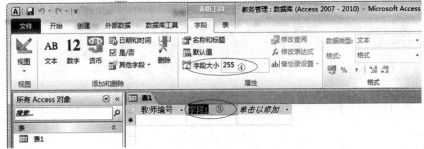

图 2.10　创建"教师"表的姓名字段

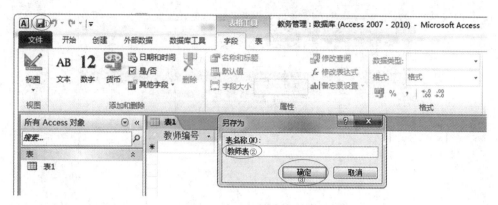

图 2.11　保存"教师"表

2. 使用设计视图创建表结构

使用设计视图建立表结构,需要在设计视图中输入字段名、选择数据类型、设置字段属性。

【例 2.5】　在"教务管理"数据库中建立"学生"表,其结构如图 2.12 所示。

学生	
字段名称	数据类型
学生编号	文本
姓名	文本
性别	文本
年龄	数字
入校时期	日期/时间
团员否	是/否
简历	备注
照片	OLE 对象

图 2.12　"学生"表结构

操作步骤:

(1) 打开表设计视图

依次单击图 2.13 中的①、②,打开表设计视图③。

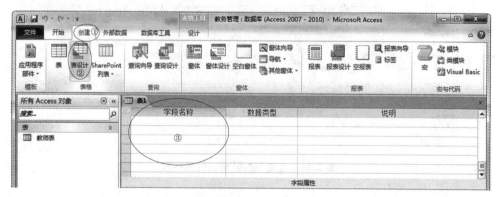

图 2.13　表设计视图

（2）创建"学生编号"字段

在图 2.14 中所示的①处输入字段名"学生编号"，单击②，选择③，修改④中的数字为 5。

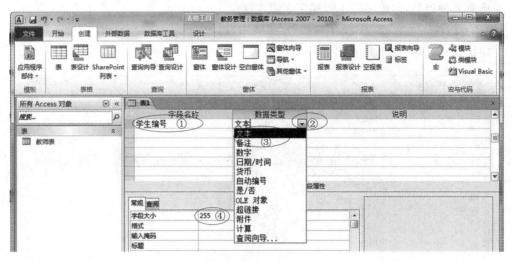

图 2.14 创建学生编号字段

（3）创建其他字段

按照类似方法，创建其他字段。

（4）保存表结构

单击图 2.15 中所示的①，在②中输入"学生"，单击③保存"学生"表。

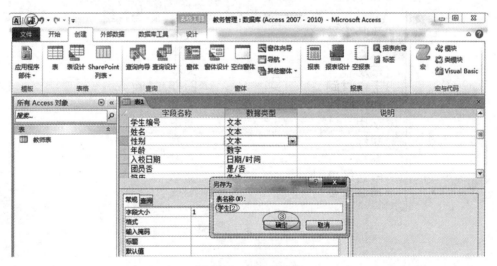

图 2.15 保存学生表

2.2.3 定义主键

主键也称为关键字，是表中能够唯一标志记录的一个字段或多个字段的组合。只有为表定义了主键，才能与数据库中的其他表建立联系，从而使查询、窗体或报表能够迅速、准确地查找和组合不同表中的信息。

定义主键的方法有两种：一是在建立表结构时建立主键；二是建立好结构后，在设计视图中打开表建立主键。

主键有 2 种类型，即单字段主键和多字段主键。

【例 2.6】 将"学生"表中"学生编号"定义为主键。

操作步骤：依次单击图 2.16 中所示的①、②。

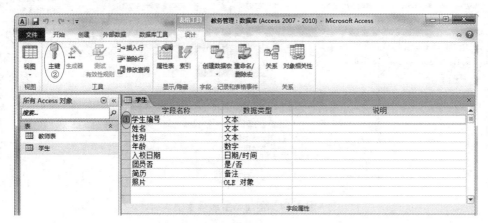

图 2.16　定义单字段主键

练习：设置"教师"表的多字段主键，如图 2.17 所示。

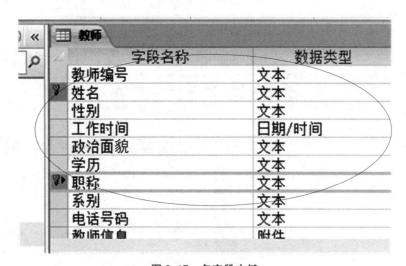

图 2.17　多字段主键

2.2.4　设置字段属性　建立表间关系

1. 设置字段属性

字段属性是字段的特性，包括表中字段的个数、各字段的大小、字段格式、输入掩码以及有效性规则等。数据库中很少有独立的表，表与表之间存在一定的联系，应根据不同表之间的数据的逻辑关系，创建表间关系（视频 2.6）。

常用的字段属性包括字段大小、格式、默认值、有效性规则、有效性文本和索引等。

（1）字段大小

指定文本型字段的最长长度，或数值型字段的类型和大小。

【例 2.7】　将学生表中的"学生编号"的字段"大小"设置为 10，"年龄"的字段的大小设置为字节型。

操作步骤：

（a）"学生编号"字段的字段大小设置为 10。在图 2.18(a)中，单击①修改②为 10；

（b）将"年龄"字段设置为字节型，在图 2.18(b)中，单击①，从②的下拉菜单中选择字节型。

图 2.18　设置字段大小

（2）格式

只影响数据的显示格式，如日期、时间、文本（及备注）的显示和打印方式。OLE 和附件型字段没有格式属性。

【例 2.8】　将"学生"表中的"入校日期"格式设置为"短日期"。

操作步骤：

依次单击图 2.19 中所示的①、②、③，从列表中选择④。

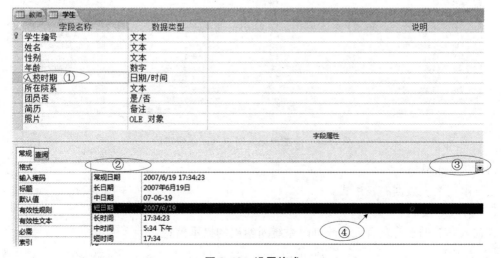

图 2.19　设置格式

（3）默认值

指在添加记录时，如果用户不另外设定，将自动填入字段的值。

【例2.9】　将"学生"表的"所在院系"默认值设置为"工程科技学院"。

操作步骤：在图2.20所示界面，单击①；在默认值②处输入"工程科技学院"。

图2.20　设置默认值属性

当"所在院系"设置了字段默认值属性后，在添加新记录时，相应字段会自动填入"工程科技学院"，如图2.21所示。

图2.21　添加新记录时填入默认值字段

（4）有效性规则

用于限制输入数据的表达式。

（5）有效性文本

在输入的数据不符合有效性规则时系统所给出的提示信息。

【例2.10】　设置"年龄"字段的取值范围在15～30之间（15≤年龄≤30）。

操作步骤：

① 在图 2.22 中,单击"年龄"字段名;

② 在有效性规则属性行处输入>=15And<=30;

③ 在有效性文本属性行处输入"请输入 15-30 之间的整数"。

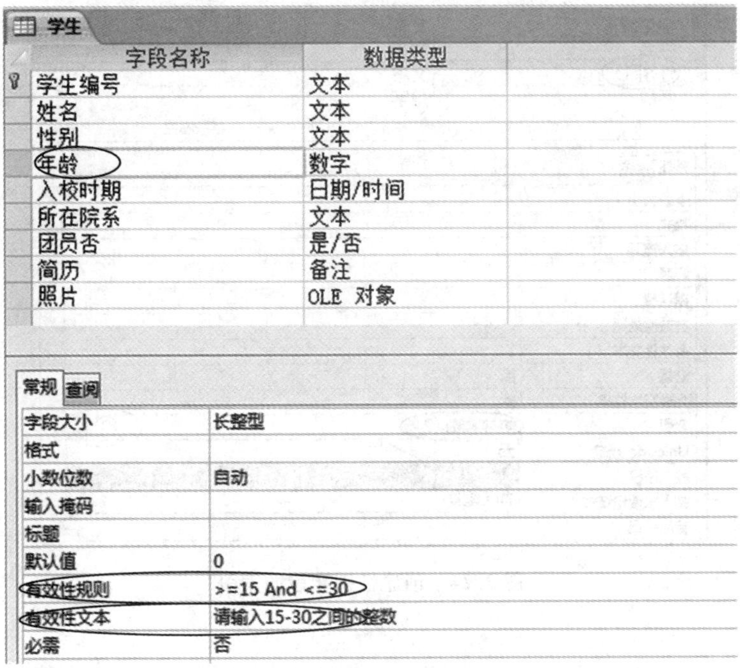

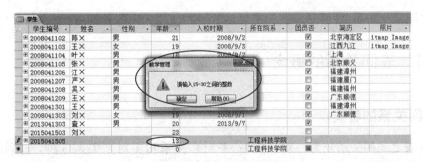

图 2.22　设置有效性规则

设置了有效性规则和有效性文本后,若输入了规定范围之外的数据,系统将不接受并弹出消息框,如图 2.23 所示。

图 2.23　违反有效性规则的提示

(6) 索引

快速查找和排序记录,需要索引单个字段或字段的组合。对于某一张表来说,建立索引的操作就是要指定一个或者多个字段,以便按这个或者这些字段中的值来检索数据或者排序数据,以提高数据查找与排序的速度,并能确保表中的数据具有唯一性。

索引按功能分为唯一索引、普通索引、主索引 3 种。

① 唯一索引:索引字段值不能相同,即没有重复值;

② 普通索引:索引字段值可以重复;

③ 主索引:当前起作用的唯一索引。

【例 2.11】 为"学生"表创建索引,索引字段为"性别"。

操作步骤:在设计视图打开"学生"表;在图 2.24 中依次单击①、②、③,选择④。

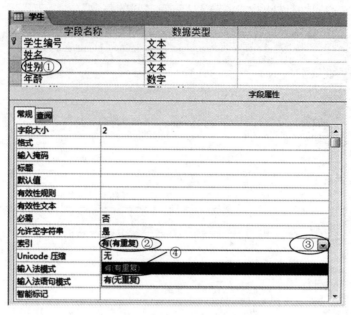

图 2.24　创建性别字段的索引

2.3　建立表之间的关系

在表之间建立关系,能够帮助我们更好地管理和使用表中的数据。

2.3.1　表间关系的概念

1. 表间关系的种类

Access 表之间的关系分为一对一关系、一对多关系和多对多关系 3 种,三者的区别如表2.2所示。

表 2.2　关系类型

类　型	说　　明
一对一	A 表中的一个记录只与 B 表中的一个记录匹配,反之亦然
一对多	A 表中的一个记录与 B 表中的一个或多个记录匹配,B 表的每一条记录只能与 A 表的一个记录匹配。A 表称为主表,B 表称为相关表
多对多	A 表中的每一个记录与 B 表中的一个或多个记录匹配,B 表的每个一条记录同样与 A 表的一个或多相记录匹配

2. 表关系

表关系是指利用两个表之间的共有字段创建的关联性。数据库系统利用这些关联可以将表连成一个整体,关系对于整个数据库的性能及数据的完整起着关键作用。

3. 主表与相关表

在 Access 中,一对一关系的两个表可以合并成为一个表;多对多关系的表可以拆分成多个一对多的关系的表。在一对多关系中,一方的表称为主表,多方的表称为相关表或子表。

4. 关系的建立

关系的建立是通过键来实现的。

2.3.2　参照完整性

参照完整性是在输入数据或删除记录时,为维持表之间已经定义的关系必须遵循的规则。在定义表之间的关系时,应设立一些准则,这些准则将有助于确保数据的完整。

建立两个表的关系时,选择“实施参照完整性”,则两个表遵守以下规则:

① 外键字段只能输入主键字段中的值;

② 在没有设置级联删除的情况下,如果在相关表中存在匹配记录,则不能从主表中删除这个记录;

③ 在没有设置“级联更新”的前提下,如果某个主键相关表中存在对应记录,则不能修改其值。

如果两个表的关系设置了“实施参照完整性”,那么在主表的每个记录前面都会出现树状结构的图标。在打开状态下,可以显示出该记录在相关表中的对应记录。

选择级联更新字段:当主表主键数据发生变化,子表中相应的字段也会做出对应的更新。

选择级联删除记录:主表中的数据被删除时,子表中相对应的数据也会被删除。

2.3.3　建立表之间的关系

在定义表间关系之前,应关闭所有需要定义关系的表。

【例 2.12】　在“学生管理”数据库中建立“学生”表与“选课”表之间的关系,建立“课程”表与“选课”表之间的关系。

操作步骤:

(1) 打开关系设计视图界面

在图 2.25 中,依次单击①、②,出现关系设计视图③。

(2) 打开显示表界面

右击关系设计窗口,选择快捷菜单中的显示表,如图 2.26 所示弹出“显示表”对话框。

(3) 添加表

将“学生”表、“课程”表、“成绩”表依次添加到关系设计窗口中,如图 2.27 所示。

（4）建立表间关系

如图 2.28 所示，选择①，按住左键将其拖到②，选中复选框③，单击④。建立"课程"表与"选课"表之间的关系。用同样的方法建立"学生"表与"选课"表之间的关系。建立好的表间关系如图2.29 所示。

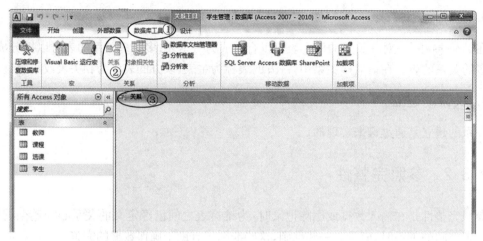

图 2.25　关系的设计视图

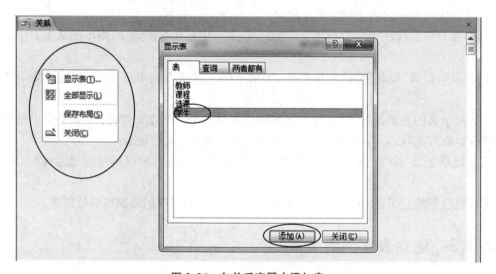

图 2.26　向关系容器中添加表

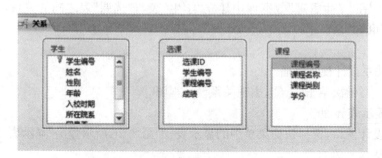

图 2.27　添加表

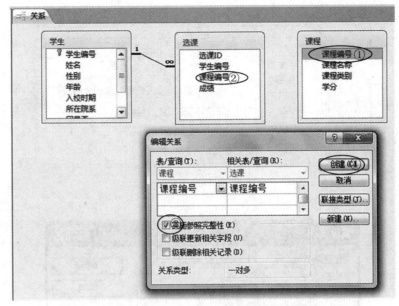

图 2.28　设置参照完整性

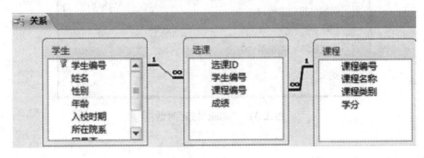

图 2.29　表间关系

（5）保存关系

说明：

① 在建立一对多关系前，主表必须设置关键字；

② 在编辑关系对话框中若选择"实施参照完整性"，则会对两个表的相关数据实施参照完整性检验，且下方的两个选项也被激活。

2.3.4　编辑表之间的关系

编辑表之间的关系指删除不再需要的关系，重新设置是否选择参照完整性等属性。

操作步骤：

① 关闭所有的表，打开"关系"窗口；

② 右击关系连线，从快捷菜单中选择"编辑关系"，如图 2.30 所示，打开"编辑关系"对话框，如图 2.31 所示，可重新设置是否实施参照完整性；

③ 选择图 2.30 中所示的"删除"可删除当前关系。

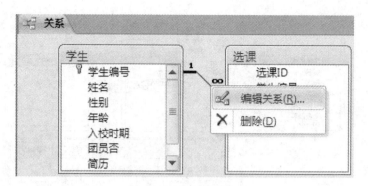

图 2.30 "关系"窗口

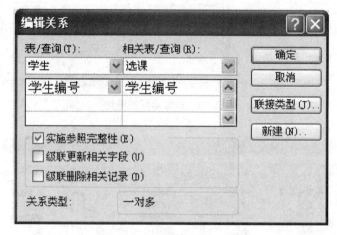

图 2.31 "编辑关系"对话框

2.3.5 查看子数据表

建立了关系的两个表,其主表的左侧会多出"+"号列,单击"+"号,可以显示该记录在子表中对应的记录,也就是显示子数据表。子数据表是指在一个"数据表视图"中显示已与其建立关系的"数据表视图",显示形式如图 2.32 所示。

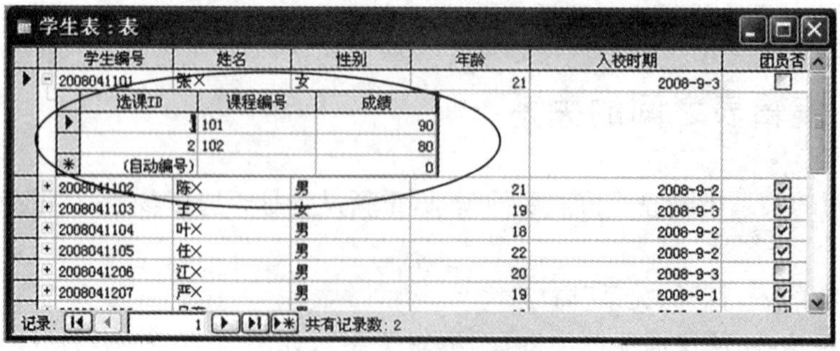

图 2.32 查看子数据表

2.4　向表中输入数据

建立了表结构仅仅是搭好了表的框架,也就是盖好仓库,向表中输入数据,犹如利用仓库存储物品。Access 可以直接输入数据,也可以导入其他数据文件中的数据(视频 2.7)。

2.4.1　使用数据表视图

使用数据表视图输入数据,就是打开数据表视图,逐个字段直接录入数据。对于特殊类型数据,有专门的输入方法。

视频 2.7　输入数据

1. 是/否型数据

在对应的方框内单击,打勾表示"是",无勾表示"否"。

2. 日期/时间型数据

直接输入日期,系统按该字段设定的格式自动调整输入的结果。也可以通过日期选择器选择日期,如图 2.33 所示。

图 2.33　是/否型、日期/时间型数据输入

3. OLE 对象型数据

使用插入对象的方式插入数据。

【例 2.13】　为"学生"表的"照片"字段输入数据。

操作步骤:右击表中"照片"字段单元格①,选择②插入对象,在③中设置照片文件,单击④"确定"按钮,如图 2.34 所示。

4. 输入超级链接型数据

超级链接数据可以使其保存的字符串变成一个可以链接的地址。当在该类型的字段中输入内容时,输入的内容会自动变成超级链接,类似于 MS Word 中的超级链接设置。

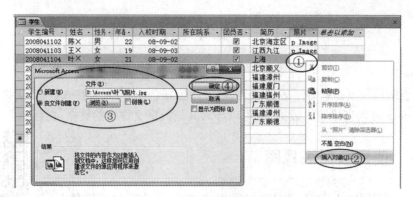

图 2.34　输入 OLE 类型数据

2.4.2　创建"查阅字段"选择数据

一个表中经常会有某些字段其值是一组固定数据。例如,"教师"表的"性别"字段,值为"男"或"女";"学历"字段,值为"本科""硕士"或"博士"。查阅字段提供查阅列表功能,可以帮助我们快速输入一组固定值的数据。输入数据时只需从查阅字段提供的固定值列表中选择即可。使用查阅字段选择性地输入,既方便输入过程,又能确保数据在不同表中保持一致,杜绝输入错误数据。

1. 利用查阅向导自行键入所需要的值,创建查阅字段

【**例 2.14**】　为"教师"表中的"职称"字段创建查阅列表,列表中显示"助教""讲师""副教授"和"教授"4 个选项,利用查阅列表向"职称"字段中输入数据。

操作步骤:

① 进入"教师"表的设计视图;

② 将"职称"字段的数据类型选择"查阅向导"型,打开对话框,如图 2.35 所示;

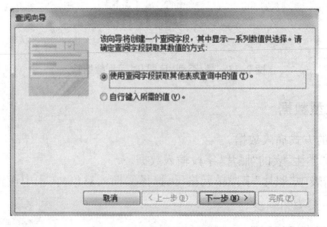

图 2.35　"查阅向导"对话框

③ 选择"自行键入所需的值",如图 2.36 所示;

④ 输入各种职称,按向导提示进行"下一步"的操作;

⑤ 单击"完成"按钮。

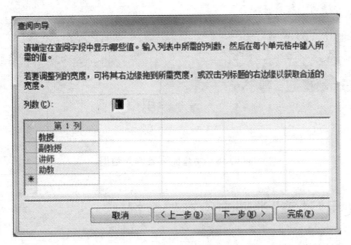

图 2.36　创建查阅列表

2. 利用"查阅"选项卡

【例 2.15】　用查阅列表方式输入"学生"表中的"性别"字段。

操作步骤:

① 在设计视图下打开学生表,依次单击图 2.37 中所示的①、②处;

② 按照图 2.37 所示选择显示控件③为列表框;选择行来源④为值列表;在⑤处输入"男";
"女";

图 2.37　设置查阅属性

③ 切换到数据表视图,输入数据,单击性别字段右侧的下拉按钮,选择"男"或"女"(图 2.38)。

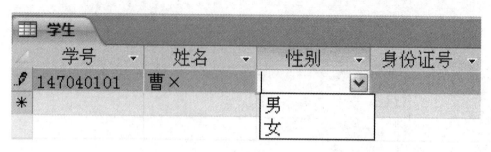

图 2.38　用查阅列表输入数据

2.4.3　使用"计算"类型字段存储数据

为避免数据冗余,数据库设计原则之一为"表中的字段必须是原始数据和基本数据元素"。当表中需要某些可以通过计算得到的数据时,使用"计算"类型字段存储数据。

【例 2.16】　在"职工工资"表中包含基本工资、津贴、房租、水电等字段,使用计算字段保存应发工资和实发工资数据。

说明:应发工资＝基本工资＋津贴;实发工资＝基本工资＋津贴－房租－水电。

操作步骤:

① 在设计视图下打开"职工工资"表,如图 2.39 所示添加"应发工资"字段①,选择计算类型②。

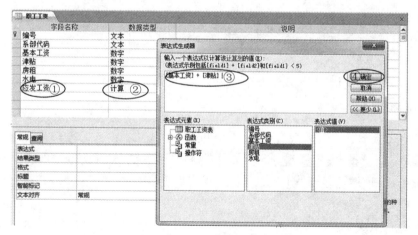

图 2.39　计算字段

② 在表达式生成器中输入计算公式③"基本工资＋津贴",单击④"确定"按钮。

③ 返回数据表视图,自动生成"应发工资"字段的值。

④ 实发工资可以使用类似方法计算。

还有"附件"类型的字段,可以保存文件数据。

2.4.4　获取外部数据

数据库建成后,如果需要使用其他数据文件中的数据,使用获取外部数据的方法直接将数据导入当前数据库。

获取外部数据是指从外部 Access 所识别的文件中获取数据后形成数据表的操作,比较常用的是从另一个 Access 数据库中导入或从 Excel 文件中导入。导入数据可以提高数据库创建的效率。

1. 导入 Access 表

【例 2.17】　新建"学生管理"数据库,将"教务管理"数据库中的"学生"表导入其中。操作步骤如下:

① 新建"学生管理"数据库;

② 依次单击图 2.40 中所示的①、②,打开获取外部数据对话框;

图 2.40　导入 Access 表

③ 在图 2.41 中所示的获取外部数据对话框中,单击③,选择教务管理数据库④,单击⑤;

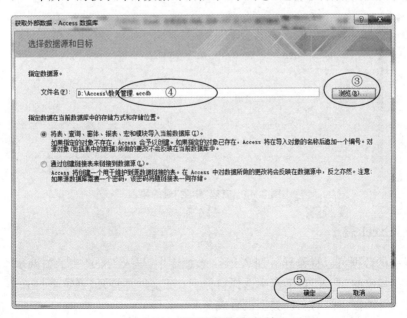

图 2.41　获取外部数据对话框

④ 在弹出的"导入对象"对话框(图 2.42)中选择"学生"表并单击"确定"按钮;

图 2.42　"导入对象"对话框

⑤ 单击图 2.43 所示对话框上的"关闭"按钮,完成"学生"表的导入。

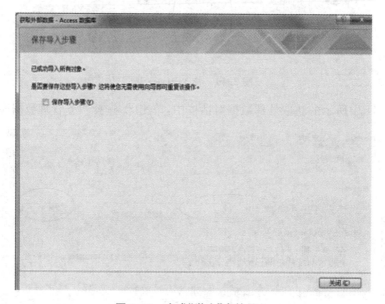

图 2.43　完成"学生"表的导入

2. 导入 Excel 表

Excel 表中的数据可以直接导入到 Access 数据库中,导入 Excel 表的前两步与导入 Access 表相同,然后在弹出的"导入"对话框中选择目标 Excel 文件并打开,系统会打开导入向导界面。注意,首先要将对话框下方的文件类型设置成 Excel 类型。

说明:要导入到 Access 数据库中的 Excel 表第一行必须是字段名,其他各行都有数据,如

图 2.44 所示。

图 2.44 Excel 数据表

【例 2.18】 将 E 盘根目录下的 Excel 表"物联网点名册"导入到 Access 的"教务管理"数据库中,命名为"学生名单"。

操作步骤:

① 打开"教务管理"数据库,依次单击外部数据选项卡中的①、②(图 2.45),打开"选择数据源和目标"对话框(图 2.46)。

图 2.45 外部数据选项卡

② 选择数据源和目标。单击图 2.46 中所示的③,打开"打开"对话框。

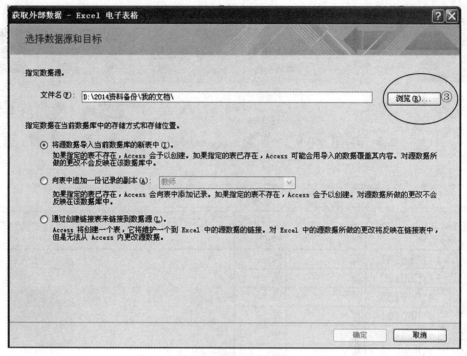

图 2.46　"选择数据源和目标"对话框

在"打开"对话框(图 2.47)中设置查找范围④;选择文件名⑤;单击⑥,返回"导入外部数据对话框",单击"确定"按钮,弹出"导入数据表向导"对话框。

图 2.47　打开对话框

③ 选择图 2.48 中所示的 Sheet1,单击"下一步"按钮。

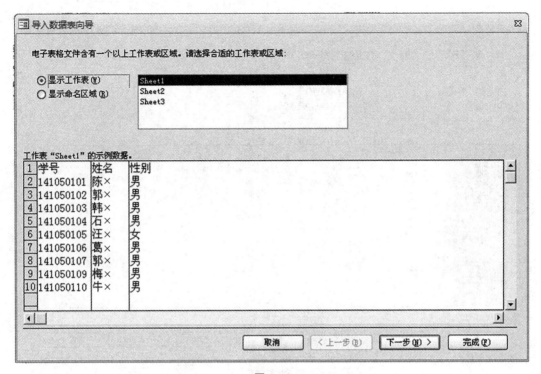

图 2.48

④ 选择图 2.49 中所示的"第一行包含标题",单击"下一步"按钮。

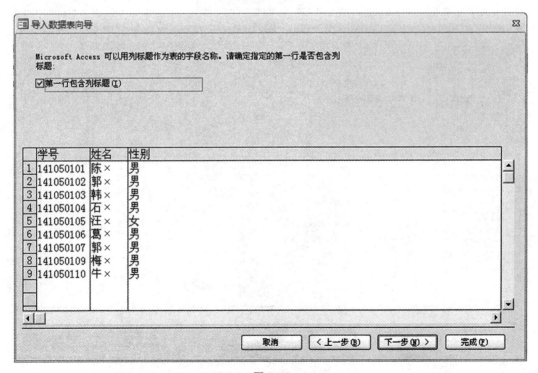

图 2.49

⑤ 单击"下一步"按钮,出现如图 2.50 所示界面。

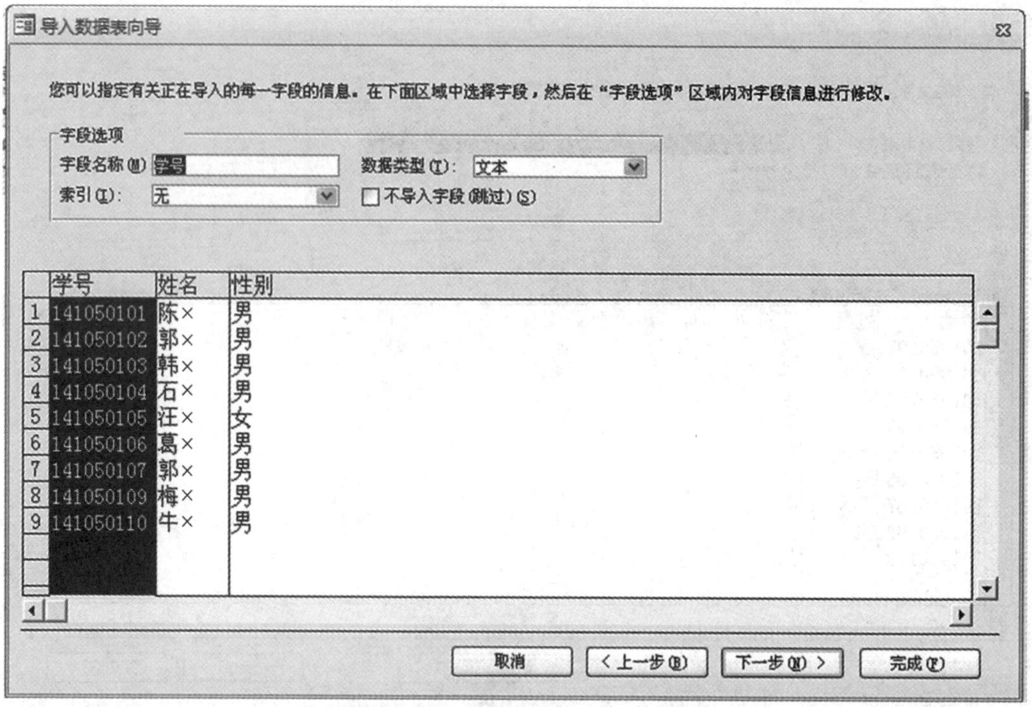

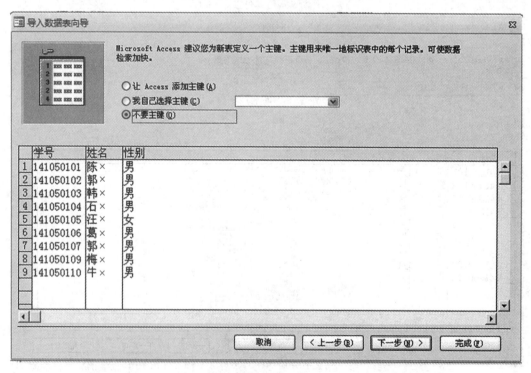

图 2.50

⑥ 选择"不要主键"(图 2.51),单击"下一步"按钮。

图 2.51

⑦ 输入"学生名单",单击图 2.52 中的"完成"按钮。

图 2.52

2.5　编　辑　表

数据库设计过程中,新创建的表可能会不那么令人满意,通过编辑表功能可以完善所创建的表,使之更加实用、更加合理。编辑表主要包括修改表结构和编辑表内容两方面(视频 2.8)。

2.5.1　修改表结构

修改表结构主要包括插入字段、删除字段、修改字段和定义主键等。修改表结构要在设计视图下进行。

视频 2.8　编辑表

【例 2.19】　修改学生表结构,完成以下 4 项工作:

① 在"性别"和"身份证号"之间插入"所在院系"字段;

② 删除"备注"字段;

③ 修改"学号"字段名为"学生编号";

④ 把"身份证号"定义为主键。

操作步骤:在设计视图下打开"学生"表。

① 添加"所在院系"字段。右击"身份证号"字段名,从快捷菜单中选择"插入行"(图 2.53),在新行中输入字段名,设置字段属性。

② 删除"备注"字段。右击"备注"字段名,从快捷菜单中选择"删除行"。

图 2.53　修改表结构

③ 修改"学号"字段。把插入点移入"学号"字段，更改"学号"为"学生编号"。

④ 重新定义主键。右击"身份证号"字段名，从快捷菜单中选择"主键"。

2.5.2　编辑表内容

编辑表内容是指编辑记录中的数据，包括插入记录、删除记录、修改记录等。编辑表内容在数据表视图下进行。

1. 定位记录

编辑记录之前，先要定位到要编辑的记录，被定位的记录称为当前记录。定位记录有 3 种方法：一是通过导航条定位；二是通过鼠标定位；三是通过"转至"命令定位。

（1）通过导航条定位记录

在图 2.54 所示的导航条文本框中输入正整数 n 后回车，则记录定位到第 n 条记录；单击①

图 2.54　记录导航条

或②所指三角按钮,记录定位到上一条记录或下一条记录;单击③或④所指按钮,则定位到第一条记录或最后一条记录。

（2）通过使用鼠标定位记录

单击记录定位到该记录所在位置。

（3）通过使用"转至"按钮定位记录

单击"转至"右侧的下拉按钮（图 2.55）,从弹出的菜单中选择一项,可以相对定位记录。

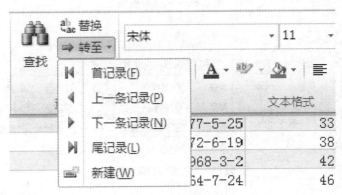

图 2.55　"转至"命令菜单

2. 选择数据

在数据表视图下可以用鼠标或键盘选择记录或数据,最常用的方法是用鼠标选择法,如表 2.3 所示。

表 2.3　使用鼠标选择数据

数据范围	操作方法
字段中的部分数据	单击开始处,拖动鼠标到结尾处
字段中的全部数据	移动鼠标到字段左侧的记录选定器上,将鼠标指针变成"→"后,单击鼠标
多条记录	选定开始记录,按住鼠标左键,拖动鼠标到结尾记录
一列数据	移动鼠标到字段上方的列选定器上,将鼠标指针变成"↓"后,单击鼠标
多列数据	选定开始列,按住鼠标左键,拖动鼠标到结尾记录

3. 添加记录

Access 新添加的记录默认放在表尾处。

方法一:插入点移入表最下面的空行处,从表末尾输入新记录。

方法二:单击导航条上"新（空白）记录"按钮（图 2.56）,插入点自动移入新行开始处,在新行输入新记录。

方法三:单击"开始"选项卡"记录"组的"新建"按钮（图 2.57）,输入新记录。

4. 删除记录

选定记录,单击图 2.57 中的"删除"按钮。

图 2.56   记录导航条

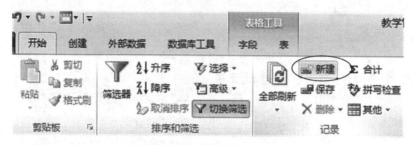

图 2.57   "记录"组"新建"按钮

5. 修改数据

在数据表视图下打开表,直接修改。

6. 复制数据

将鼠标指向要复制的字段上半部,当鼠标变形为空心"＋"时,单击"开始"选项卡中的"复制"按钮;移动鼠标到目标单元格,当鼠标变形为"＋"时,单击"开始"选项卡中的"粘贴"按钮。

7. 查找与替换数据

当表中记录很多时,可以使用查找命令快速找到匹配的数据。

操作步骤:

① 依次单击图 2.58 中所示的①、②,出现对话框③;

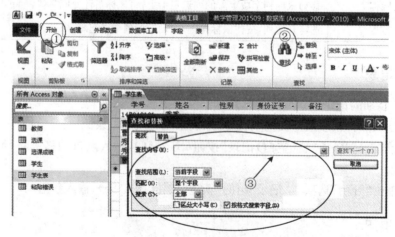

图 2.58   查找替换操作

② 正确设置查找范围;正确设置匹配;正确设置搜索范围(与 Word 的操作方法类似),实现查找与替换操作。

注意:在只知道部分内容的情况下对数据表进行查找时,可使用通配符,详见表 2.4。

表 2.4 常用通配符

字　符	用　　法	示　例
*	通配任意个数的字符	Wh *
?	通配任何单个字符	B? 11
[]	通配方括号内任何单个字符	B[ae]ll
!	通配任何不在括号内的字符	B[! ae]
—	通配范围内任何字符必须以递增顺序排序(A 到 Z)	B[a—e]d
#	通配任何单个数字字符	1#3

2.5.3 调整表外观

编辑表还包含调整表外观的内容。表外观只影响在数据表视图下的显示样式,不影响表中数据的值,如调整行高、列宽等。

2.6 使　用　表

数据表建好后,可以使用表中的数据和对表中数据进行查找、排序、筛选、替换等操作。

2.6.1 排序记录

表默认按照记录输入的先后顺序存储数据。使用表中的数据时,如果想按照某个字段的值有序排列,例如,将学生的成绩从高分到低分排列或将职工按照工龄的长短排列,则需要使用 Access 的排序命令。

1. 排序规则

① 英文按字母顺序排序,大小写视为相同,升序 A 到 Z;
② 中文按拼音字母的顺序排序,升序 A 到 Z;
③ 数字按数字的大小排序;
④ 日期和时间按先后顺序排序,升序按从旧到新排序。

2. 按一个字段排序

打开表,进入数据表视图,插入点移入要排序的字段内,单击"开始"选项卡的"排序和筛选"组中"升序"或"降序"按钮(图 2.59)。

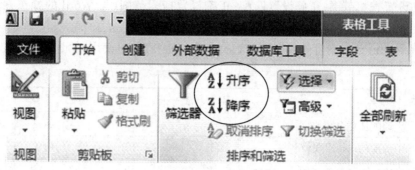

图 2.59 排序按钮

3. 按多个字段排序

多字段排序时,先按一个关键字段的值排序,当某些记录的值相同时,再按照另一个字段排序。

操作步骤:

① 将需要排序的字段移动到相邻位置(选定该列,鼠标指向列标题,按住左键拖动到目的位置);

② 选择要排序的多个字段;

③ 单击排序按钮(先按前面的字段的顺序排,前一个字段的值相同时再按后一个字段排)。

2.6.2 筛选记录

筛选记录是指从数据表众多的记录中挑选出满足条件的记录,隐藏不满足条件的记录,只显示满足条件的记录,以便用户集中精力处理,如筛选课程成绩高于 90 分的记录。

Access 2010 提供了"按选定内容筛选""使用筛选器筛选""按窗体筛选"和"高级筛选"等 4 种筛选方法。

1. 按选定内容筛选

【例 2.20】 在"学生"表中筛选性别为"男"的学生。

操作步骤:

① 在数据表视图中打开"学生"表;

② 在性别字段中找到"男",并选中;

③ 在"开始"选项卡的"排序和筛选"组中,单击"选择"按钮,弹出下拉菜单,从下拉菜单中选择"等于'男'"(图 2.60);

④ 此时只显示男生记录(图 2.61)。

取消筛选单击"切换筛选"按钮。

2. 使用筛选器筛选

【例 2.21】 使用筛选器在"学生"表中筛选性别为"男"的学生。

操作步骤:

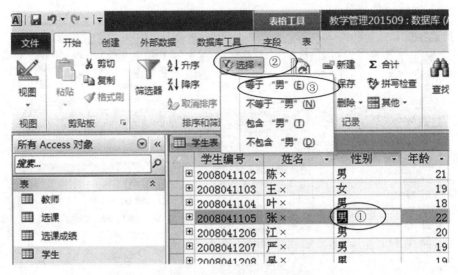

图 2.60　按选定内容筛选

图 2.61　筛选结果

① 在数据表视图中打开"学生"表；

② 插入点移入"性别"字段；

③ 在"开始"选项卡的"排序和筛选"组中，单击"筛选器"按钮，弹出对话框，仅选择"男"对应的复选框（图 2.62），单击"确定"按钮；

④ 筛选结果如图 2.61 所示。

除筛选外，还可以利用查询快速找到数据。

其他的筛选方法请读者自行阅读相关书籍。

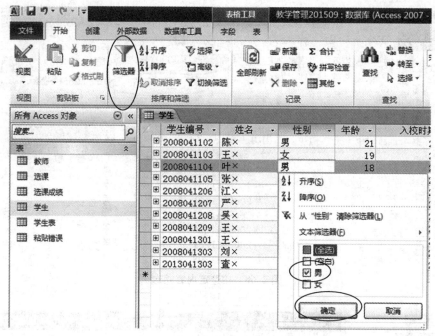

图 2.62 用筛选器筛选

练 习 2

一、选择题

1. Access 2010 数据库对象中,( )是实际存放数据的地方。

A. 表   B. 查询   C. 报表   D. 窗体

2. Access 2010 数据库中的表是一个( )。

A. 交叉表   B. 线型表   C. 报表   D. 二维表

3. 在一个数据库中存储着若干个表,这些表之间可以通过( )建立关系。

A. 内容不相同的字段   B. 相同内容的字段

C. 第一个字段   D. 最后一个字段

4. 打开 Access 数据库时,应打开扩展名为( )的文件。

A. .mda   B. .accdb   C. .mde   D. .DBF

5. 创建表时可以在( )中进行。

A. 报表设计器   B. 表浏览器

C. 表设计器   D. 查询设计器

6. 文本类型的字段最多可容纳( )个字符。

A. 255   B. 256   C. 128   D. 127

7. 建立表的结构时,一个字段由( )组成。

A. 字段名称   B. 数据类型   C. 字段属性   D. 以上都是

8. Access 2010 中,表的字段数据类型中不包括(   )。

A. 文本型   B. 数字型   C. 窗口型   D. 货币型

9. Access 2010 的表中,(   )不可以定义为主键。

A. 自动编号   B. 单字段   C. 多字段   D. OLE 对象

10. 可以设置"字段大小"属性的数据类型是(   )。

A. 备注型   B. 日期/时间型   C. 文本型   D. 上述皆可

11. 在表的设计视图,不能完成的操作是(   )。

A. 修改字段的名称   B. 删除一个字段

C. 修改字段的属性   D. 删除一条记录

12. 关于主键,下列说法错误的是(   )。

A. Access 2010 并不要求在每一个表中都必须包含一个主键

B. 在一个表中只能指定一个字段为主键

C. 在输入数据或对数据进行修改时,不能向主键的字段输入相同的值

D. 利用主键可以加快数据的查找速度

13. 如果一个字段在多数情况下取一个固定的值,可以将这个值设置成字段的(   )。

A. 关键字   B. 默认值   C. 有效性文本   D. 输入掩码

14. 创建数据库有两种方法:第一种方法是先建立一个空数据库,然后向其中添加数据库对象;第二种方法是(   )。

A. 使用数据库视图   B. 使用数据库向导

C. 使用数据库模板   D. 使用数据库导入

15. Access 中表和数据库的关系是(   )。

A. 一个数据库中包含多个表   B. 一个表只能包含两个数据库

C. 一个表可以包含多个数据库   D. 一个数据库只能包含一个表

16. 数据库系统的核心是(   )

A. 数据库   B. 文件

C. 数据库管理系统   D. 操作系统

二、填空题

1. _____是为了实现一定的目的按某种规则组织起来的数据的集合。

2. 在 Access 2010 中表有两种视图,即_____视图和_____视图。

3. 如果字段的取值只有两种可能,_____和_____,字段的数据类型应选用_____类型。

4. _____是数据表中其值能唯一表示一条记录的一个字段或多个字段组成的一个组合。

5. Access 数据库的文件扩展名是_____。

6. 编辑表包括修改表结构和编辑表内容,修改表结构必须在_____视图下进行,编辑表内容必须在_____视图下进行。

三、操作题

1. 创建一个"教学管理"数据库,并将建好的数据库保存在 D 盘名为"练习"的文件夹中。

2. 创建如表 2.5 所示的"学生"表结构。

表 2.5　"学生"表结构

字段名	数据类型	字段大小
学号	文本	11
姓名	文本	5
性别	文本	1
年龄	数字	整型
入校日期	日期/时间	
团员否	是/否	
简历	备注	
照片	OLE 对象	

3. 将"学号"定义为主键。

4. 输入新记录(201507030211,刘丽,女,18,2015 - 9 - 2,团员)。

5. 从"教务管理"数据库中导入"教师"表、"选课"表、"课程"表、"职工数据"表、"职工工资"表和"班级"表。

6. 创建"学生"表和"选课"表之间的关系,实施参照完整性。

第3章 查　　询

简单地说,查询就是找数据。本章介绍查询的概念和功能以及查询的创建和使用。

3.1　查　询　概　述

使用数据库管理数据,需要先找到所需的数据。查询是 Access 查找数据、分析和汇总数据的工具,它能够按照一定的条件将多个表中的数据抽取出来,供用户查看、统计、分析和使用,能够给窗体或报表提供数据源。查询是数据重组、统计分析、编辑修改和输入输出等操作的基础(视频 3.1)。

3.1.1　查询的功能

查询是按照一定条件从 Access 数据库表或已经建立的查询中提取数据并进行加工处理。查询本身是一个表结构,但仅仅是一个结构,也就是说并不占有相应的物理存储空间。在使用查询的时候是根据结构从相应的表中提取数据的。当对应表中的数据发生变化时,查询结果也会进行相应的更新。

查询的主要功能如下:

1. 选择字段

选择一个表或多个表的部分字段,如只显示“课程”表的课程编号和“课程名称”;又如显示“职工数据”表的编号、姓名或“职工工资”表的基本工资、津贴等。

2. 选择记录

根据指定的条件选择满足条件的记录,如显示“学生”表中的男生记录。

3. 编辑记录

编辑记录包括添加记录、删除记录和更新记录等。在 Access 中,可以利用查询实现添加记录、删除记录、更新记录等的操作,如将职工工资表的津贴字段值增加 1 000 元。

4. 实现计算

可以在查询建立的过程中进行统计计算,如统计有博士学位的职工人数、计算选修各门课程的学生的总成绩等。可以建立新的字段保存计算结果。

5. 建立新表

利用查询的结果可以建立一个新表,如将"学生"表中的团员学生找出来存放到一个新的表中形成"团员"表。

6. 为窗体、报表提供数据

窗体或报表很少只显示一个表中的数据,往往需要显示来自于多个表中的数据。为了从一个或多个表中选择合适的数据显示在窗体或报表中,用户可以先建立一个查询,然后将该查询的结果作为数据源。每次打开窗体或报表时,该查询将从它的基本表中查找出符合条件的记录,显示在窗体或报表中。

查询对象不是数据的集合,而是操作的集合,也称为动态集。它很像一个表,但并没有存储在数据库中。查询后的结果有一定的生存期。当一个查询关闭后,其结果就不存在了,所有记录都是保存在原来的表中。例如,9 月份新生进校,从各班抽取迎新志愿者,成立迎新团队,新生进校结束后,团队成员仍在各自班级中。

3.1.2 查询的类型

在 Access 中,查询分为 5 类,如图 3.1 所示,分别是选择查询、交叉表查询、参数查询、操作查询和 SQL 查询。5 类查询应用目标不同,对数据源的操作方式和操作结果也不同。

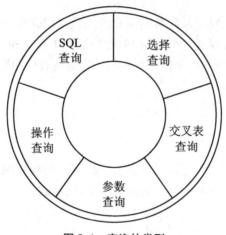

图 3.1 查询的类型

1. 选择查询

选择查询可以根据指定的条件从一个或多个数据源(表或查询)中获取数据并显示,也可以进行分组和统计。

2. 交叉表查询

交叉表查询能够汇总数据字段的内容,汇总字段的结果显示在行与列交叉的单元格中。

3. 参数查询

参数查询可以根据用户提供的数据参数进行数据检索。

4. 操作查询

操作查询可以在选择查询的基础上,对查询出的结果进行更新、删除等操作。操作查询分为 4 种:生成表查询、删除查询、更新查询和追加记录查询。

5. SQL 查询

SQL 查询通过编写 SQL 语句进行查询。某些 SQL 查询称为 SQL 特定查询,包括联合查询、传递查询、数据定义查询和子查询等 4 种。

3.1.3 查询的条件

查询必须解决 3 个问题:查什么? 从哪查? 怎么查?"查什么"指的是查询的内容,"从哪查"要指定数据来源,"怎么查"要指定查询条件。它们是查询的三要素(图 3.2)。

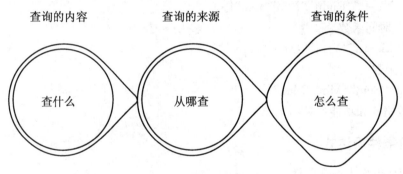

图 3.2 查询的三要素

在实际的应用中,往往需要指定一定的条件,即需要通过设置查询条件来找到实际需要的数据。

查询条件是运算符、常量、字段值、函数及字段名和属性等的任意组合,能够计算出一个结果。

1. 运算符

运算符是构成查询条件的基本元素。Access 使用以下 4 类运算符。

(1) 算术运算符

有"+""−""＊""/"等。

(2) 比较运算符

有">"">=""<""<=""=""<>"等。

(3) 逻辑运算符

有"Not""And""Or"等。

（4）特殊运算符

有"In""Between""And""Like"等。

特殊运算符的功能如表 3.1 所示。

表 3.1　特殊运算符的功能

特殊运算符	说　　明
In	用于指定一个字段的列表,列表中的任意一个值都可与查询的字段相匹配
Between	用于指定一个字段的范围,指定的范围之间用 And 连接
Like	用于指定查找文本字段的模式
Is Null	用于指定一个字段为空
Is Not Null	用于指定一个字段非空

2. 函数

（1）算术函数

有"Int""Fix""Round""Sgn"等。

（2）字符函数

有"Space""Left""Right""Mid""Len"等。

（3）日期/时间函数

有"Day""Month""Year""Date""Now"等。

（4）统计函数

有"Count""Sum""Min""Max"等

常用函数格式和功能参见附录 A。

3. 查询条件表达式

（1）使用数值作为查询条件

使用数值作为查询条件的详例如表 3.2 所示。

表 3.2　使用数值作为查询条件举例

字段名	条件表达式	功　　能
年龄	<20	查询年龄小于 20 的学生的记录
年龄	Between 20 And 25	查询年龄在 20~25 之间的学生的记录
年龄	18 Or 19	查询年龄为 18 或 19 的学生的记录

（2）使用文本值作为查询条件

使用文本值作为查询条件的详例如表 3.3 所示。

表 3.3　使用文本作为查询条件举例

字段名	条件表达式	功　　能
职称	"教授"	查询职称为教授的教师的记录
职称	Not "讲师"	查询职称不是讲师的教师的记录
姓名	Like "王 * "	查询姓王的教师的记录

使用文本作为查询条件表达式时,文本常量值需要使用双引号括起来。

(3) 使用日期作为查询条件

使用日期作为查询条件时,日期常量值需要使用♯括起来,如 2015 年 9 月 1 日对应的日期常量为♯2015-09-01♯。详例如表 3.4 所示。

表 3.4　使用日期作为查询条件举例

字段名	条件表达式	功能
工作时间	Year([工作时间])= 2010	查询 2010 年参加工作教师的记录
入校日期	>=♯2015-9-1♯	查询 2015 年 9 月 1 日以后入学的学生的记录

(4) 使用字段的部分值作为查询条件

使用字段的部分值作为查询条件时需要注意:在条件中,字段名必须用方括号括起来,而且数据类型应与对应字段定义的类型相符合,否则会出现数据类型不匹配的错误。详例如表 3.5 所示。

表 3.5　使用字段的部分值作为查询条件举例

字段名	条件表达式	功　能
课程名称	Left([课程名称],3)>="计算机"	查询课程名称以计算机开头的记录
出生日期	Year([出生日期])=1995	查询 1995 年出生的学生的记录

(5) 使用空值或空字符串作为查询条件

空值表示未知的值,使用 Null 或空白来表示字段的值。空值与空字符串不同,空字符串是用双引号括起来的字符串,且双引号中间没有空格。详例如表 3.6 所示。

表 3.6　使用空值或空串作为查询条件举例

字段名	条件表达式	功　能
姓名	Is Null	查询姓名为空值的记录
电话号码	"　"	查询没有电话号码的记录

3.2　创建选择查询

选择查询是根据指定的条件从一个或多个数据源(表或查询)中获取数据的查询(视频 3.2)。

创建选择查询有两种方法:一是使用"查询向导",二是使用设计视图。

视频 3.2　用给定的条件找
到需要的数据
——选择查询

3.2.1　使用"查询向导"创建查询

1. 创建基于一个数据源的查询

【例 3.1】　创建"职工所在部门"查询。在"职工数据"表中
查找记录,并显示"姓名""性别""出生时间"和"系部名称"4 个字段。

操作步骤:

① 在如图 3.3 所示界面,依次单击①、②,弹出对话框③;

② 在对话框中选择④,单击⑤,弹出向导对话框;

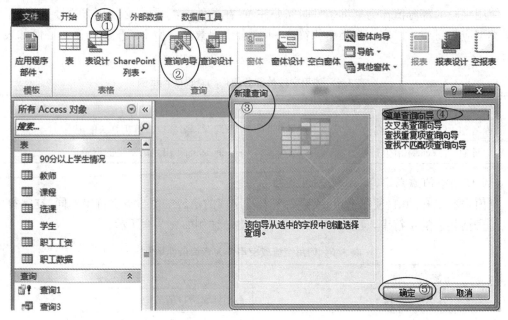

图 3.3

③ 在简单查询向导对话框(图 3.4)中单击①选择"职工数据"表,从可用字段中选择所需字段,添加到选定字段处,如②,单击③;

④ 为查询指定标题"职工所在部门",如图 3.5 所示,在①输入查询标题,单击②"完成"按钮。

2. 创建基于多个数据源的查询

利用简单查询向导,从多个表中选择字段,可以创建基于多个数据源的查询。

【例 3.2】　查询每个教师的姓名、性别和基本工资。

操作步骤:

① 依次单击图 3.3 中所示的①、②,弹出对话框③;

② 在如图 3.3 所示的对话框中选择④,单击⑤,弹出向导对话框;

③ 在简单查询向导对话框(图 3.4)中单击①,先从列表中选择"职工数据表",从可用字段中选择姓名、性别、出生日期等所需字段,再次单击图 3.6 中所示的①,选择"职工工资表",选择

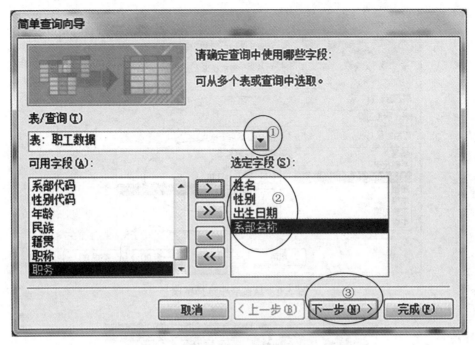

图 3.4 简单查询向导 1

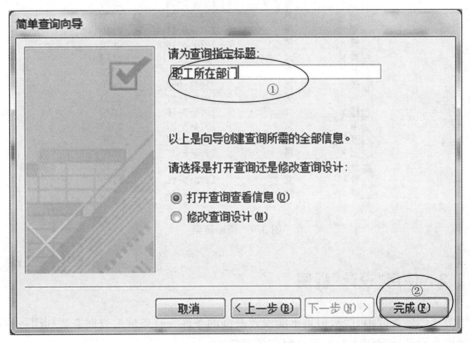

图 3.5 简单查询向导 2

"基本工资"字段,如②所示,单击③。

    ④ 单击如图 3.6 所示"下一步"按钮,再单击"完成"按钮。

    ⑤ 查询结果如图 3.7 所示。

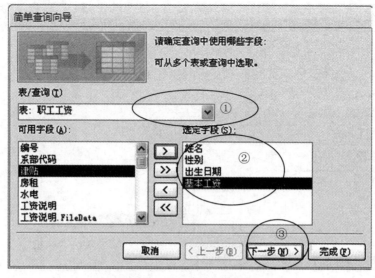

图 3.6　从多表中选择字段

姓名 ▾	性别 ▾	出生日期 ▾	基本工资 ▾
杨×	女	1968-3-28	3000
巴×	男	1964-7-24	2000
鲍×	男	1954-10-25	1770
查×	男	1977-6-11	2170
钱×	男	1973-3-18	2070
贡×	女	1967-3-7	1170
张×	女	1970-5-29	1270
孙×	男	1971-9-8	1470
毛×	男	1969-7-27	2000
江×	女	1976-3-18	2370
周×	女	1974-6-22	1360
方×	男	1969-3-27	1260
王×	男	1966-6-26	1350
吴×	女	1967-6-15	11370
管×	女	1973-5-16	1170
李×	女	1967-4-26	2270

图 3.7　查询结果

3.2.2　使用"设计"视图

使用向导创建查询很方便,但是不能设置查询的条件。有条件的查询需要利用查询设计器设计。使用查询设计器创建查询具有很高的灵活性。

1. 查询设计视图

(1) 查询的 5 种视图

在 Access 中查询有 5 种视图,如图 3.8 所示。

(2) 查询"设计"视图

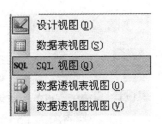

图 3.8　查询视图

查询设计视图如图 3.9 所示,分为上下两部分:上部分为字段列表区,显示所选表的所有字段(数据源);下半部是设计网格区,包括字段、表、排序、显示、条件、或等字段或其属性或要求。

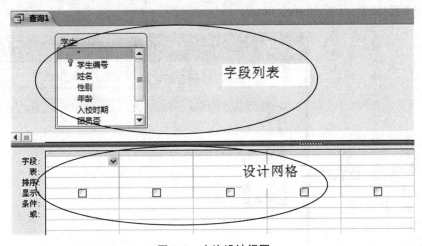

图 3.9　查询设计视图

视图下方的各栏目根据查询类型的不同有不同的组合,常用的有以下几种:

① 字段:添加与查询有关的字段。

② 表:设定字段所在的表。

③ 显示:设定在最后的查询结果中是否显示该字段。如果该字段只是作为查询条件存在,而不是最终用户感兴趣的字段,可将栏目的勾号去掉。

④ 条件:设定查询的条件。

(3) 使用查询设计器创建无条件的查询

【例 3.3】　查询每名学生的选课成绩,并显示学号、姓名、课程名称和总评成绩。

本例查询涉及多个表,首先需要检查表间是否建立了关系。若未建立关系,则必须在设计查询前建立表间关系。

操作步骤:

① 单击如图 3.10 所示界面上"创建"选项卡①,选择"查询"组的"查询设计"②,打开查询设计视图和显示表对话框,如图 3.11 所示。

② 向字段列表区添加数据源。在显示表对话框中选择"学生"表,单击"添加"按钮;选择"课程"表,单击"添加"按钮;选择"选课成绩"表,单击"添加"按钮,单击"关闭"按钮。

③ 将需要的字段拖放到设计网格中,如图 3.12 所示。

④ 单击"保存"按钮,保存查询。

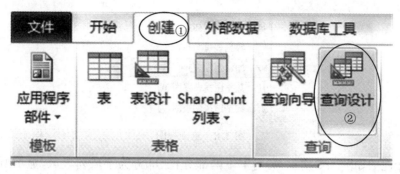

图 3.10　查询设计按钮

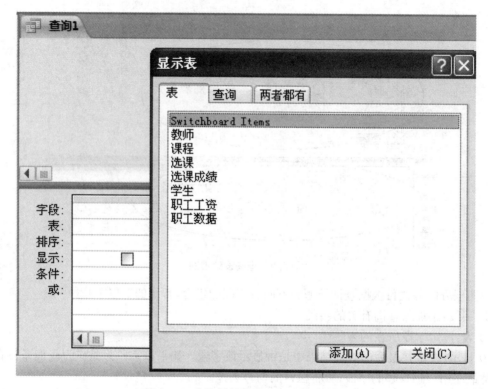

图 3.11　查询设计视图和显示表对话框

　　⑤ 查看结果。查看查询结果有 3 种常用方法：一是在设计视图下，切换到数据表视图可看到查询结果（单击"设计"选项卡，单击结果组中"视图"按钮）；二是在设计视图下，单击工具栏中的"！"按钮，运行查询（图 3.13），查看结果；三是在导航窗口格中双击查询文件。

　　(4) 使用查询设计器创建条件查询

　　条件查询是在简单查询的基础上，通过设置查询条件来实现查找目标数据目的的。条件查询通常是通过查询设计器来完成的。

　　条件查询可以分为单条件查询和多条件查询。只需要将查询条件写在条件行即可。

　　【例 3.4】　查询 1992 年参加工作的男教师，并显示姓名、性别、学历、职称、系别。

　　查询设计结果如图 3.14 所示，圈中标出的是条件。

　　如果在多个"条件"网格和"或"网格中都输入了条件表达式，Access 自动判断使用 And 运

算符或者 Or 运算符进行条件组合,组合的原则如下:

图 3.12 设计查询

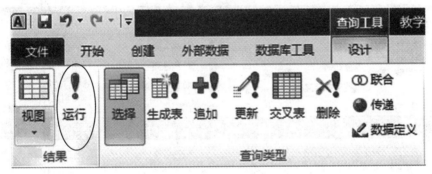

图 3.13 查看查询结果按钮

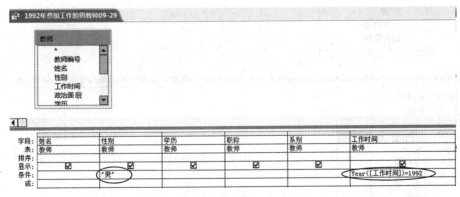

图 3.14 多条件查询设计示例

① 在"条件"网格中的多个条件使用 And 连接,查询时需要全部满足;

② 在"或"栏目中的不同行的条件使用 Or 连接,查询时只需满足其中一个条件即可。
图 3.14 表示查询 1992 年参加工作且性别为男的教师。

3.2.3　在查询中进行计算

查询除了可以查找数据库中保存的数据外,还可以进行计算。当要关心的是记录的统计结果而不是表中的记录时,需在查询中使用计算功能(视频 3.3)。在查询中进行计算可以通过设计相应的查询进行。例如,计算职工基本工资字段值的总和或平均值或对两个字段进行算术运算等。

视频 3.3　对查询结果进行统计计算

1. 查询计算功能

查询中有预定义计算和自定义计算两种基本计算。

预定义计算(也称常规计算,是对二维表的纵向计算)是指利用现有字段,对记录组进行统计或汇总,包括求和、求平均值、记录数、找最小值、找最大值等。

单击工具栏上的"汇总"按钮①,在设计网格中出现"总计"行②,在③处列出总计项。对设计网格中的每个字段,都可以在总计行选择总计项(图 3.15)。各总计项的功能及含义如表 3.7 所示。

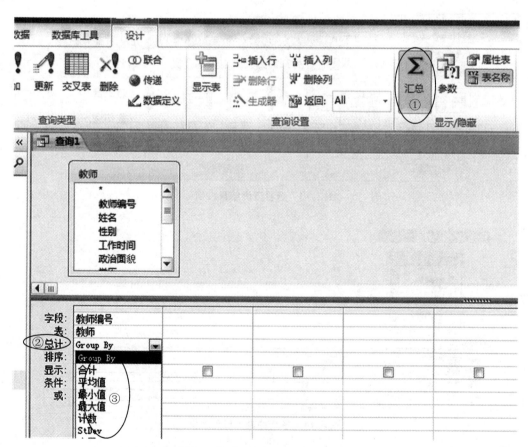

图 3.15　"汇总"按钮及"总计"项

表 3.7 用于创建总计字段的总计项名称及含义

英文名	总计项	功　能	适用的数据类型	
Sum	总计	求某字段的累加值	数值、日期/时间、货币、自动编号	函数
Avg	平均值	求某字段的平均值	数值、日期/时间、货币、自动编号	
Min	最小值	求某字段的最小值	文本、日期/时间、货币、自动编号	
Max	最大值	求某字段的最大值	文本、数值、日期/时间、货币、自动编号	
Count	计数	求某字段中非空值数	文本、备注、数值、日期/时间、货币、自动编号、是/否、OLE 对象	
StDev	标准差	求某字段值的标准偏差	数值、日期/时间、货币、自动编号	
Var	方差	求某字段的方差	数值、日期/时间、货币、自动编号	
Group by	分组	定义要执行计算的组		其他总计项
First	第一条记录	求一组记录中某字段的第一个值		
Last	最后一记录	求一组记录中某字段的最后一个值		
Expression	表达式	创建一个有表达式产生的计算字段		
Where	条件	指定不用于分组的字段条件		

自定义计算(对二维表的横向计算)就是对一个或多个字段中的数据进行计算,并使用一个新创建的字段显示出来。

2. 在查询中进行计算

使用查询设计视图中的"总计"行,可以计算查询中全部记录或记录组中一个或多个字段的统计值。

(1) 总计查询的创建

Access 的某些特定功能,如分组、求和、求平均值等,必须单击查询"设计"选项卡"显示/隐藏"组的"Σ"总计按钮,在查询设计器下部设计网格中插入的一个"总计"行进行计算。

在查询设计器中的"总计"栏目中,可以为某个字段指定一个用于总计计算的汇总函数,包括"总和""平均值""计数""最大值""最小值""标准偏差""方差"等(表 3.7)。

【例 3.5】 统计教师表中的教师人数。

操作步骤:

① 打开查询设计器,将目标"教师"表添加到如图 3.16 所示的查询设计器的字段列表区①中;

② 将涉及的"教师编号"字段添加到如图 3.16 所示的窗体下方的"字段"栏目②中;

③ 单击查询设计工具栏上的"汇总"按钮③,系统会在在查询设计器下半部的设计网格中插入一个"总计"行;

④ 题目要求统计教师人数,在添加到下方的栏目中的"教师编号"下方,单击字段的"总计"栏目,并在下拉列表中选择"计数"④,如图3.16所示;

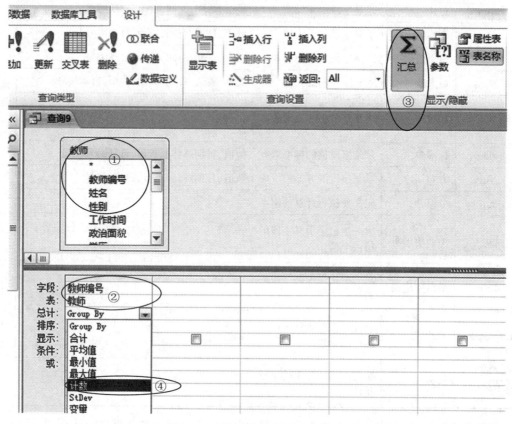

图 3.16　统计教师人数的查询设计

⑤ 设置结束,保存退出;

⑥ 切换到数据表视图,可得到查询结果,如图3.17所示。

图 3.17　教师人数查询结果

(2) 带条件的统计计算

【例 3.6】　统计1992年参加工作的教师人数。

操作步骤:

① 打开查询设计器,添加"教师"表,将"工作时间""教师编号"放入设计网格;

② 在图3.18所示界面,单击"汇总"按钮①,设置总计项和条件②、③;

③ 切换到表视图,查看统计结果。

结果如图 3.19 所示。

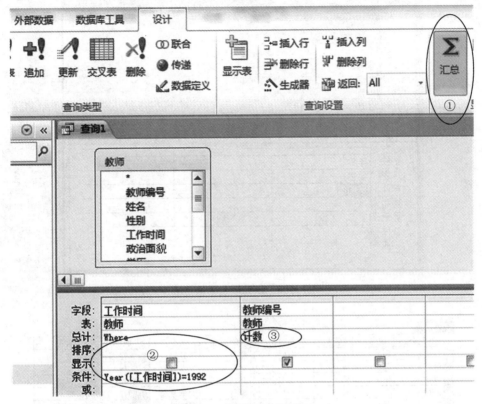

图 3.18 带条件的总计查询

图 3.19 查询统计结果

【例 3.7】 统计"学生管理"数据库中学生的平均年龄。

查询设计如图 3.20 所示。

3.2.4 在查询中进行分组统计

分组总计查询是指在统计计算之前,先将数据按照要求进行分组,如图 3.21 所示,对分组后的数据进行计算统计。

【例 3.8】 计算各类职称的教师人数。

操作步骤:

① 按图 3.22 所示设计查询;

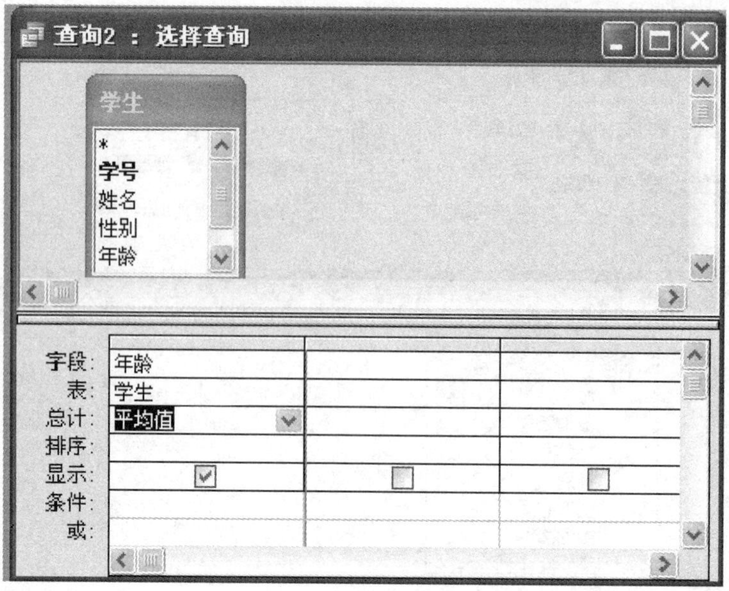

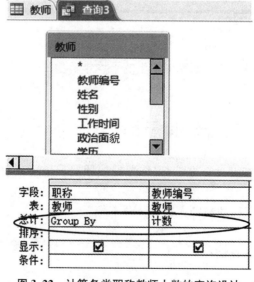

图 3.20　统计学生平均年龄

教师编号	姓名	性别	工作时间	政治面貌	学历	职称	系别
96016	靳×	女	2011-3-31	群众	研究生	副教授	人文
96015	陈×	男	1988-9-9	党员	大学本科	副教授	人文
96010	张×	男	2011-1-1	群众	大学本科	副教授	工科院
95013	李×	男	1992-10-29	党员	大学本科	讲师	经贸
95011	赵×	女	2011-3-15	党员	研究生	讲师	工科院
22222	张×	女	2014-4-21	团员	研究生	讲师	护理学院
9999	张×	女	2014-4-22	党员	研究生	教授	护理学院
7777	张×	男	2015-9-3	群众	研究生	教授	经贸
96011	张×	男	1992-1-26	团员	大学本科	助教	工科院

图 3.21　按职称分组

图 3.22　计算各类职称教师人数的查询设计

② 查询统计结果如图 3.23 所示。

职称	教师编号之计数
副教授	3
讲师	3
教授	2
助教	1

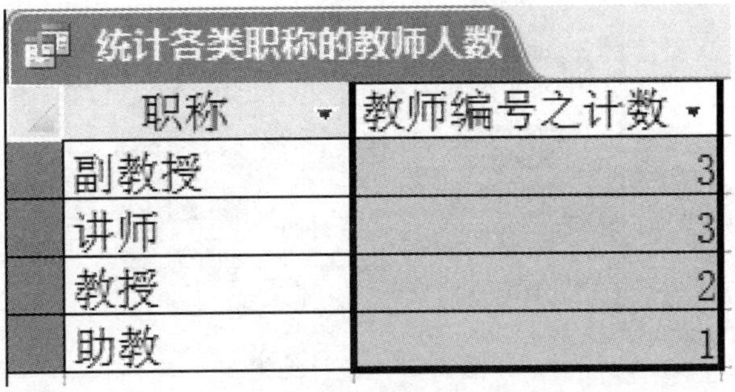

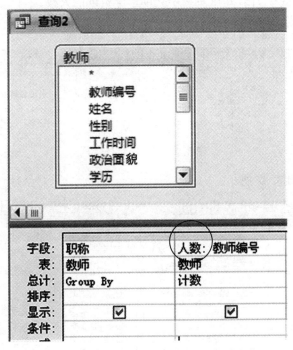

图 3.23 按职称统计教师人数的结果

修改统计结果字段名称：因为计算字段是根据原有字段计算或统计得来的，所以没有自己的字段名称，生成的名称，如“教师编号之计数”说明了字段的来源，但是很难听，所以通常在总计查询中对新字段重新命名。如果不想使用 Access 自动命名的字段标题，可以用以下两种方法指定查询中某个字段的标题。

方法一：在设计视图中，在计算字段的“字段”栏目中自行命名新字段。方法是在该字段名称前重新输入一个新名称，并用英文冒号隔开。例如，将“教师编号”字段改成“教师人数：教师编号”。

【例 3.9】 将例 3.8 中显示的字段名“教师编号之计数”改为“人数”。

操作步骤：

① 打开例 3.8 中的设计视图，在“教师编号”前面加上“人数：”，如图 3.24 所示。这样，在显示结果的时候，该字段不会使用系统默认名称，而使用“人数”。

图 3.24 修改统计结果字段名称为“人数”

② 切换到数据表视图，可见统计结果，如图 3.25 所示。

查询2

职称	人数
副教授	3
讲师	3
教授	2
助教	1

图 3.25　统计结果

方法二：单击要指定标题的字段栏任意位置，选择快捷菜单中的“属性”命令，弹出“字段属性”对话框，在其中的“标题”属性栏中输入自定义的字段标题。

3.2.5　添加计算字段

在设计表时，遵循表中的字段必须是原始数据和基本数据元素的原则，一些可以通过其他字段计算或统计得到的字段是不会直接作为字段保存在表中的，如果需要这些字段的值，则可以通过在查询设计器中添加计算字段来实现。

计算字段是对表或查询中的数值型字段进行横向计算而产生的结果的字段，是在查询中自定义的字段。创建计算字段的方法是将表达式直接输入到查询设计网格中的“字段”格中。格式为“新字段名称:字段计算表达式”。

【例 3.10】 以“班级”表为数据源，创建一个具有计算字段的查询，假设每班获得助学金的人数是全班人数的 20.3%，计算每个班级中获助学金资助的人数。

“班级”表结构如图 3.26 所示。

班级

字段名称	数据类型	说明
bjmc	文本	班级名称
bjdm	文本	班级代码：专业代码+入学时间+班级编号
bjrs	数字	班级人数
xz	数字	学制
fdy	文本	辅导员姓名

图 3.26　“班级”表结构

“班级”表内容如图 3.27 所示。

班级

班级名称	班级代码	人数	学制	辅导员	单击以添加
计应1	0101200501	45	3	张×	
计应2	0101200502	44	3	张×	
网络1	0102200501	40	3	张×	
网络2	0102200502	46	3	张×	
软件1	0103200501	30	3	王×	
软件2	0103200502	50	3	王×	
电子1	0201200501	42	3	李×	
电子2	0201200502	50	3	李×	
信息1	0202200501	25	3	李×	
信息2	0202200502	46	3	李×	
*		0	3		

图 3.27　“班级”表内容

操作步骤:

① 创建新查询,将"班级"表添加到字段列表区,将"班级名称""班级人数""辅导员"添加到字段网格中。

② 添加计算字段"资助人数:[bjrs] * 20.3/100"。

新字段填写在一个空白的"字段"栏目中,如图 3.28 所示。

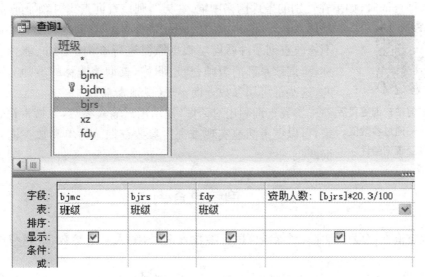

图 3.28　资助人数查询

注意,表达式中的冒号为半角符号。

③ 保存查询。

④ 运行查询便可以看见"资助人数"新字段,如图 3.29 所示。

班级名称	人数	辅导员	资助人数
计应1	45	张×	9.135
计应2	44	张×	8.932
网络1	40	张×	8.12
网络2	46	张×	9.338
软件1	30	王×	6.09
软件2	50	王×	10.15
电子1	42	李×	8.526
电子2	50	李×	10.15
信息1	25	李×	5.075
信息2	46	李×	9.338

图 3.29　助学金资助人数查询结果

3.3 参 数 查 询

创建选择查询时,如果在性别的条件网格中输入"男",则该查询查找男教师记录;修改查询条件,将条件网格中的值改为"女",则该查询查找女教师记录。能否不修改查询条件就能够根据需要进行查询? 比如,能否输入系部名称,查询该系部的教师;指定职称,查询该职称的教师? 答案是肯定的,这些都可用参数查询实现(视频3.4)。

视频3.4 如何使查询更灵活
——通过参数值改变查询条件

参数查询利用对话框,提示用户输入参数,并检索符合参数的记录,可以更灵活地实现查询。参数查询分为单参数查询和多参数查询两类。

3.3.1 单参数查询

单参数查询在字段中指定一个参数,执行参数查询时,输入一个参数,查找与参数匹配的记录。

【例3.11】 按照学生姓名查看学生的成绩,并显示学生编号、姓名、课程名称、考试成绩。
操作步骤:
① 创建新查询,进入查询设计视图;
② 将"学生"表、"课程"表、"选课成绩"表添加到字段列表区,将"学生编号""姓名""课程名称""考试成绩"添加到字段行的设计网格,在姓名的条件行输入"[请输入姓名:]",如图3.30所示;

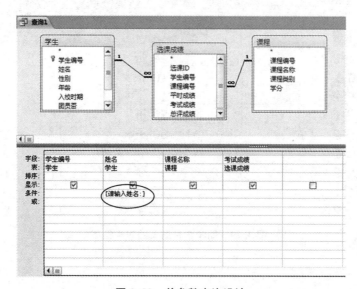

图3.30 单参数查询设计

③ 保存查询;

④ 运行参数查询,弹出输入参数对话框,如图 3.31 所示,框中提示的文本为设计网格条件行"[]"中的内容,输入查询的条件"王×",单击"确定"按钮,可见参数查询结果(图 3.32)。

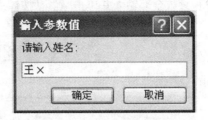

图 3.31　输入参数对话框

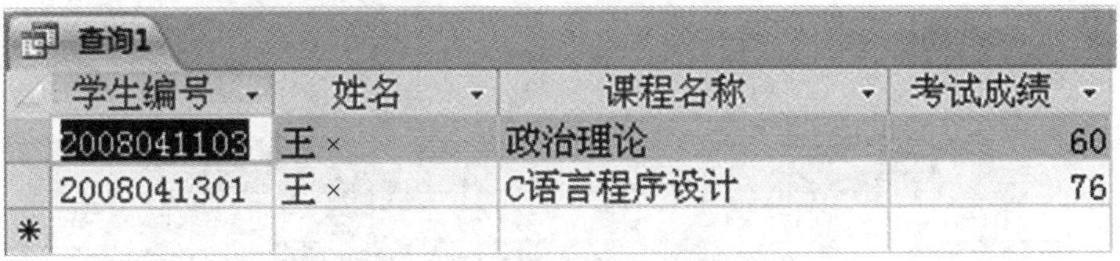

学生编号	姓名	课程名称	考试成绩
2008041103	王×	政治理论	60
2008041301	王×	C语言程序设计	76
*			

图 3.32　根据输入参数查询的结果

3.3.2　多参数查询

多参数查询会在字段中指定多个参数。执行多参数查询时,需要依次输入多个参数。

【例 3.12】　建立一个查询,显示某班某门课选课学生的姓名和总评成绩。

操作步骤:

① 进入设计视图,将相关表添加到字段列表区中,将字段或字段表达式添加到字段行的网格中;

② 在条件行的"班级"列输入"[请输入班级:]",在"课程名称"列输入"[请输入课程名称:]",如图 3.33 所示;

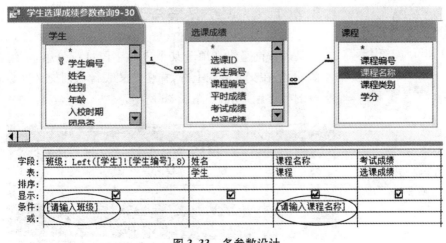

图 3.33　多参数设计

③ 保存查询;

④ 运行查询,按照从左到右的顺序依次输入参数,即先输入左边的参数,输入并单击确定后,再输入右边的参数(图 3.34),参数全部输入并单击"确定"按钮后显示查询结果(图 3.35)。

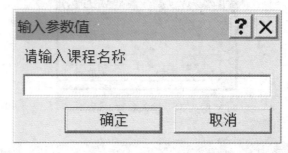

图 3.34   "输入参数值"对话框

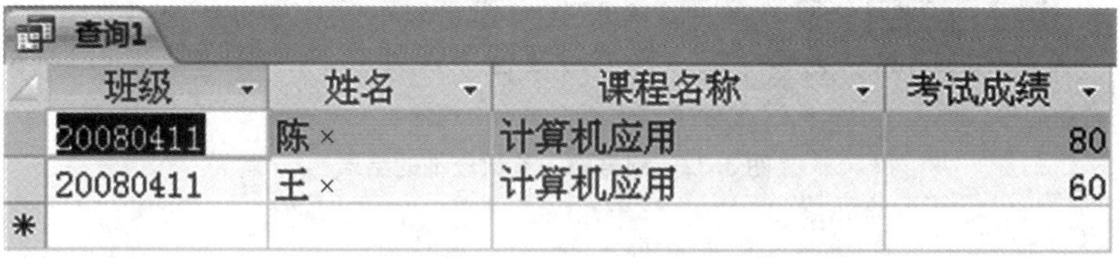

班级	姓名	课程名称	考试成绩
20080411	陈×	计算机应用	80
20080411	王×	计算机应用	60

图 3.35   多参数查询结果

3.4   创建交叉表查询

交叉表查询以一种独特的概括形式返回一个表内的总计数字,为用户提供了非常清楚的汇总数据,便于用户分析和使用(视频 3.5)。

3.4.1   认识交叉表查询

视频 3.5   如何汇总统计表中的字段——交叉表查询

交叉表查询是将来源于某个表的字段进行分组,一组在交叉表的左侧,一组在交叉表的上部,并在交叉表行与列交叉处显示表中某个字段的各种计算值,如图 3.36 所示。

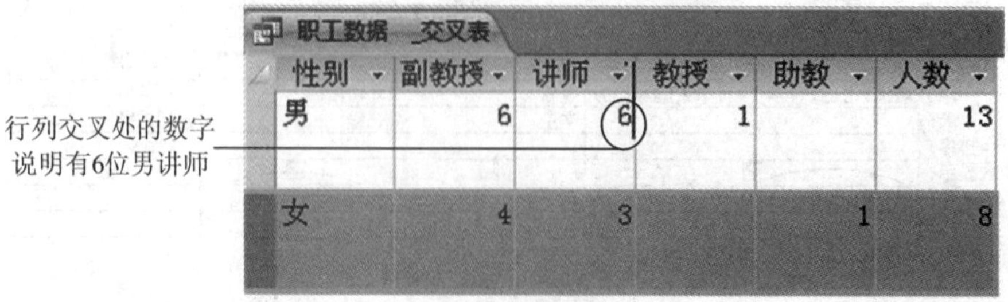

行列交叉处的数字说明有6位男讲师

性别	副教授	讲师	教授	助教	人数
男	6	6	1		13
女		4	3	1	8

图 3.36   交叉表查询

　　在创建交叉表查询时,需要指定 3 种字段:一是放在最左端的行标题,它将某一字段的相关数据放入指定的行中;二是放在交叉表最上面的列标题,它将某一字段的相关数据放入指定的列中;三是放在交叉表行与列交叉位置上的字段,需要为该字段指定一个总计项,且只能指定一个总计项。

　　创建交叉表查询有两种方法:一是使用交叉表查询向导;二是使用设计视图。

3.4.2　创建交叉表查询

1. 使用交叉表查询向导

【例 3.13】　创建一个交叉表查询,统计并显示各班男生、女生平均年龄,类似于图 3.37 所示的平均成绩的查询。

班级	总计 成绩	男	女
1	67	75.5	50
2	83.6666666666667	83.6666666666667	
3	90	90	90

图 3.37　统计各班男女生平均成绩

　　注意,交叉表查询的记录源必须是唯一的(只涉及一个表或查询),所以窗体中声明:如果包含多个表的字段,需要先创建一个包含这些字段的查询。

　　准备工作:本例要求显示班级数据,但该数据并不是一个独立的字段,其值包含在"学生"表的"学生编号"字段中,先建立一个查询,将班级字段的值提取出来,与性别、年龄放在一个数据源中,保存为"学生情况",如图 3.38 所示。

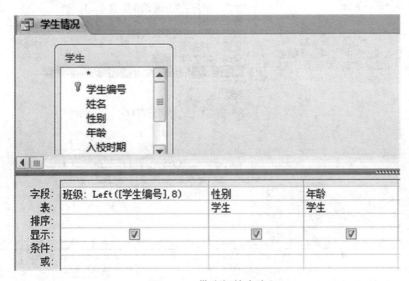

图 3.38　带班级的查询

操作步骤:

① 依次单击图 3.39 中的①、②、③、④,弹出交叉表查询向导对话框(图 3.40)。

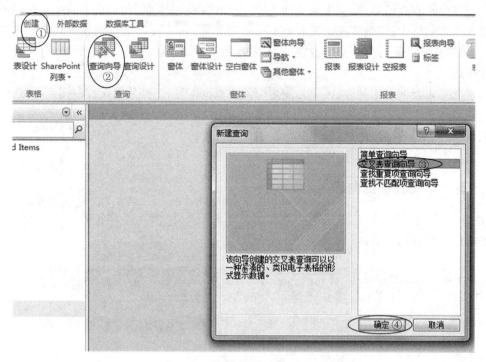

图 3.39

② 指定包含交叉表查询结果所需字段的表或查询,选择"学生情况"查询,单击"下一步"
按钮。

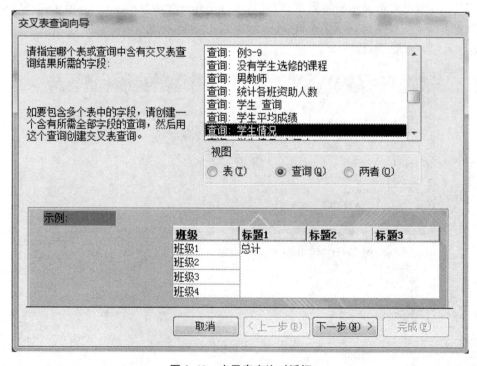

图 3.40 交叉表查询对话框

③ 弹出的窗体要求设定分组的依据字段，也就是行标题。题意是按照班级统计男生、女生人数，所以这里按照班级分组。将"可用字段"列表中的"班级"字段添加到"选定字段"列表中作为分组依据。设定结束单击"下一步"按钮，则出现如图 3.41 所示界面。

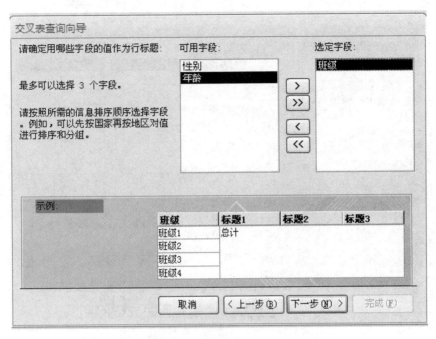

图 3.41

④ 弹出的窗体要求确定用哪些字段的值作为列标题，这里选择"性别"作为列标题，如图 3.42 所示，设定后单击"下一步"按钮。

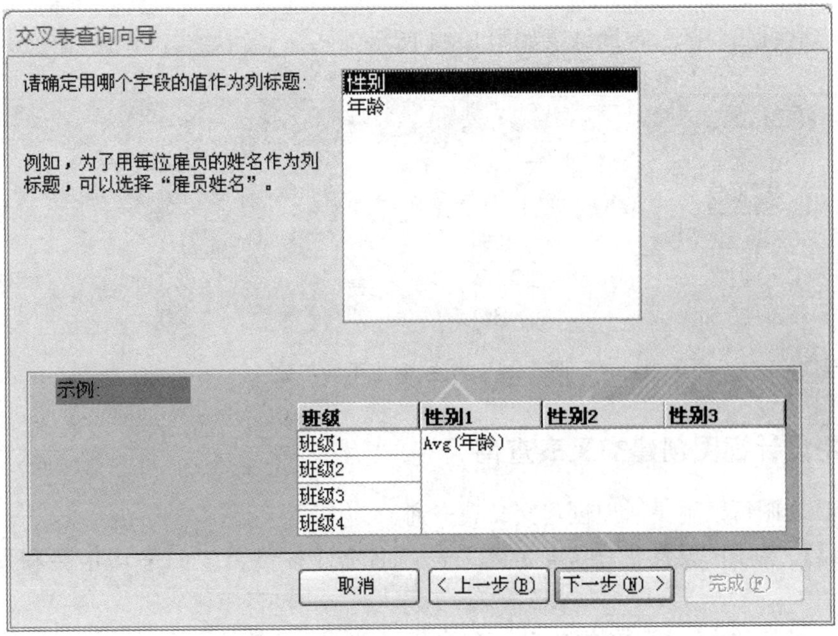

图 3.42

⑤ 弹出的窗体要求设定具体统计的数据内容。因为题中要求统计男生的平均年龄和女生的平均年龄,所以在中部的"字段"列表中选中"年龄"字段,然后在右侧的"函数"字段中选中"Avg"选项,如图3.43所示。设定结束后单击"下一步"按钮。

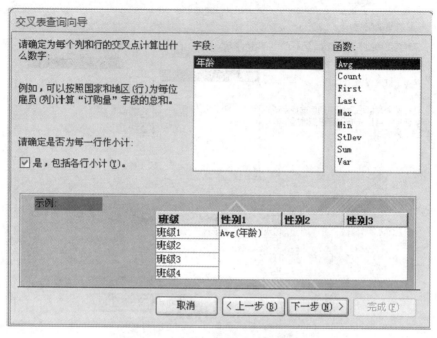

图 3.43　选择交叉点计算字段和函数

⑥ 向导结束后有两种选择:查看查询和修改设计。如果还需要调整查询结构,则可以选择"修改设计",并进入到"查询设计器"窗口对查询结构进行调整。否则可以选择"查看查询"。单击"完成"按钮。

⑦ 切换到数据表视图,查询结果如图3.44所示。

学生情况_交叉表	学生		
班级	平均年龄	男	女
20080411	21	22	20
20080412	19	19	
20080413	19.5	20	19
20130413	20	20	

图 3.44　男生、女生平均年龄

2. 使用设计视图创建交叉表查询

使用设计视图可以更灵活地创建交叉表查询。

【例3.14】 利用"设计视图"建立交叉表查询统计各班男生的平均年龄和女生的平均年龄。

准备工作:以"学生"表为数据源,建立包含班级、性别、年龄的查询,保存到"学生情况"中。

操作步骤:

① 依次单击图 3.45 中所示的①、②，打开设计视图窗口如图 3.46 所示；

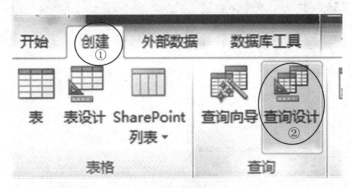

图 3.45 设计交叉表查询

② 将"学生情况"查询添加到字段列表区，单击图 3.46 中的所示的①，设计网格出现交叉表行②和总计行；

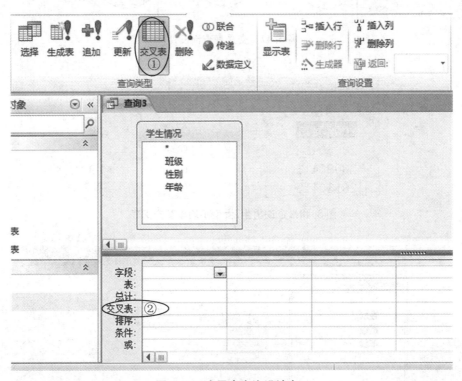

图 3.46 交叉表查询设计窗口

③ 将班级、性别、年龄字段添加到设计网格中，选择各字段总计项，确定"班级"为行标题，"性别"为列标题，对考试成绩的值求平均值，故把考试成绩作为汇总项，如图 3.47 所示；

④ 保存查询；

⑤ 切换到数据表视图，查询结果如图 3.48 所示。

如果需要查询各班男生、女生年龄总平均值，可通过增加"年龄"作为行标题实现。查询设计如图 3.49 所示，查询结果如图 3.44 所示。

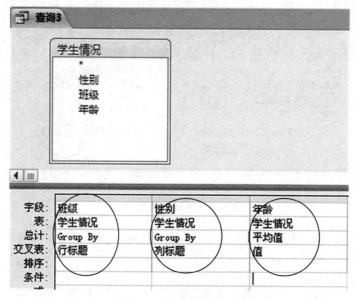

图 3.47　交叉表查询设计

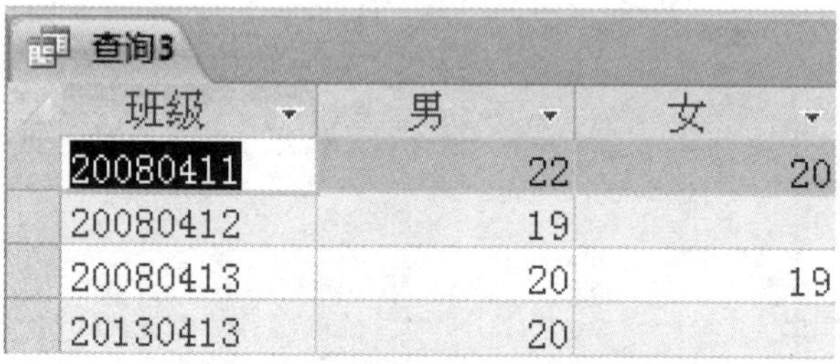

图 3.48　查询男生、女生平均年龄交叉表

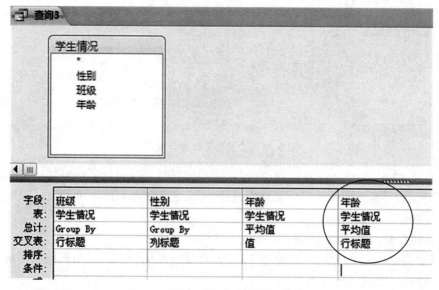

图 3.49　添加计算年龄总平均值的列

3.5　创建操作查询

在第 2 章中我们学习了人工编辑表和更改记录，使用操作查询可以自动更改记录。操作查询是指仅用一次操作就更改许多记录的查询。操作查询包括生成表查询、更新查询、追加查询和删除查询 4 种（视频 3.6）。但是操作查询设计完成后，必须运行查询才能实现操作。

视频 3.6　创建可以更改
记录的查询

3.5.1　生成表查询

查询只是一个操作的集合，其运行的结果是一个动态数据集。当查询运行结束时，该动态数据集合是不会保存的。如果希望查询所形成的动态数据集能够被保存下来，需要使用生成表查询。

生成表查询是利用一个或多个表中的全部或部分数据建立新表。设计生成表查询，首先要设计合适的选择查询，然后将其指定为生成表查询。

【例 3.15】　将考试成绩在 90 分以上的学生的基本信息存储到一个新表中。

操作步骤：

① 设计选择查询，如图 3.50 所示；

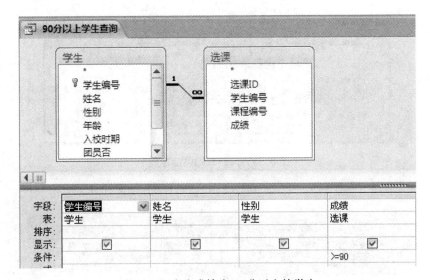

图 3.50　查询成绩为 90 分以上的学生

② 单击图 3.51 中所示的①，弹出生成表对话框，在②处输入"90 分以上学生情况"，依次单击③、④；

③ 保存查询；

④ 单击叹号按钮运行查询，弹出图 3.52 所示执行生成表查询消息框，单击"是"按钮，弹出向新表粘贴消息框（图 3.53），单击"是"按钮，完成生成表操作，生成"90 分以上学生情况"表；

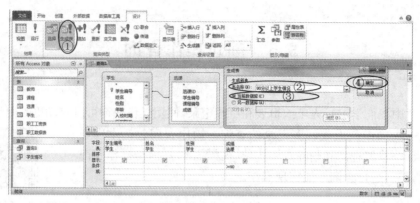

图 3.51　设计生成表查询

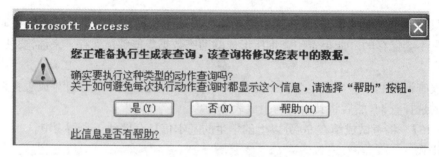

图 3.52　执行生成表查询消息框

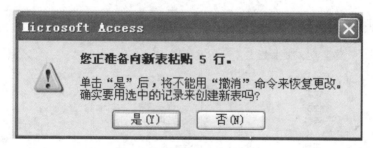

图 3.53　向新表粘贴消息框

⑤ 打开"90 分以上学生情况"表,显示生成表内容,如图 3.54 所示。

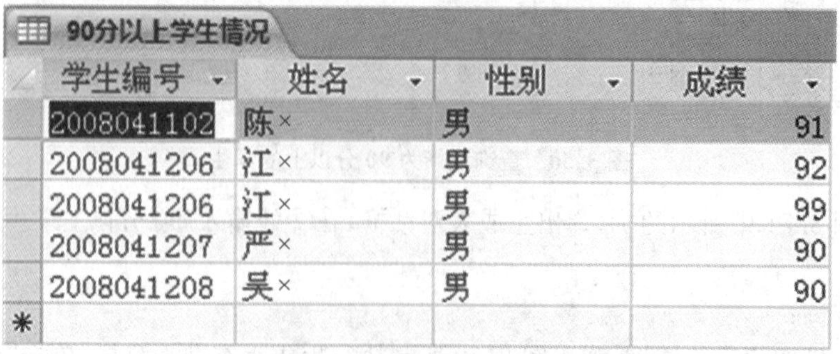

学生编号	姓名	性别	成绩
2008041102	陈×	男	91
2008041206	江×	男	92
2008041206	江×	男	99
2008041207	严×	男	90
2008041208	吴×	男	90
*			

图 3.54　新生成的"90 分以上学生情况"表

注意:必须运行生成表查询才能生成一个新的表。

生成表查询创建的新表将继承源表字段的数据类型,但不继承源表字段的属性级主键设置,因此往往需要为生成的新表设置主键。

3.5.2　删除查询

删除查询能够从一个或多个表中删除记录。如果删除的记录来自多个表,必须满足以下几点:

① 在"关系"窗口中定义相关表之间关系;

② 在"关系"对话框中选中"实施参照完整性"复选项;

③ 在"关系"对话框中选中"级联删除相关记录"复选项。

运行删除查询后被删除的数据是不能恢复的,所以在进行删除操作前应切换到"数据表视图"进行查看,确定查询出来的数据是需要删除的数据。

【例 3.16】　将"职工数据"表中已经超过退休年限的职工记录删除(假设 60 岁退休)。

操作步骤:

① 创建查询,启动查询设计器,添加"职工数据"至字段列表区①(图 3.55);

② 如图 3.55 所示,在设计选项卡的查询类型组选择删除②,将"职工数据 * "字段和"出生日期"字段添加到设计网格的③、④位置,输入年龄计算公式⑤;

③ 切换到数据表视图,查看将被删除的数据,确定无误后,单击"设计"选项卡的"结果"组中的叹号按钮运行查询,实现删除操作;

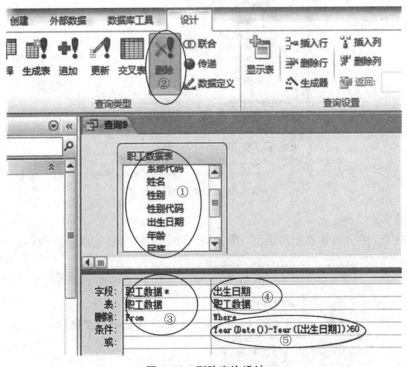

图 3.55　删除查询设计

④ 查看删除结果。

重新打开"职工数据"表,可见符合条件的记录已不存在。

3.5.3 更新查询

使用更新查询可以修改记录。更新查询可以将查询出来的结果进行批量修改。使用更新查询首先将要修改的数据查询出来,然后使用更新查询修改数据(视频 3.7)。

视频 3.7　追加查询和
更新查询

【例 3.17】　将所有 1988 年及以前参加工作的教师职称改为"副教授"。

操作步骤:

① 新建查询,将"教师"表添加到查询设计器中,如图 3.56 中的①所示;

② 单击更新查询按钮②,此时在设计网格出现更新到栏目;

③ 将查询涉及的工作时间字段添加到设计网格中,输入到更新条件③中;

④ 将查询更新的字段"职称"字段添加到设计网格中,并在"更新到"行输入"副教授"④;

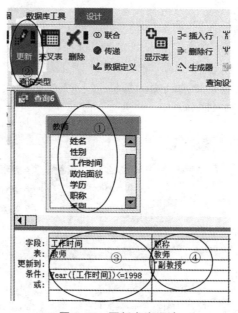

图 3.56　更新查询设计

⑤ 保存查询;

⑥ 运行查询,弹出准备更新对话框(图 3.57),单击"是"按钮完成更新操作。

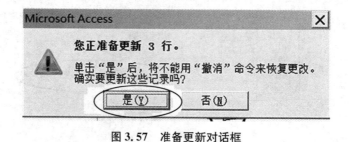

图 3.57　准备更新对话框

说明：如果在原字段值的基础上相对更新，如每个职工的津贴增加 500 元，则更新表达式为
"[津贴]＋500"。

3.5.4　追加查询

追加查询是将查询出来的结果添加到另一个表中的操作，这些记录将被保存在目标表的结尾。执行追加查询的前提是，追加部分的数据必须在目标表中存在对应字段。

【例 3.18】 建立一个追加查询，将考试成绩在 80～90 分之间的学生添加到已经建立的"90 分以上学生情况"表中。

操作步骤：

① 设计查找成绩在 80～90 分之间的选择查询，如图 3.58 所示；

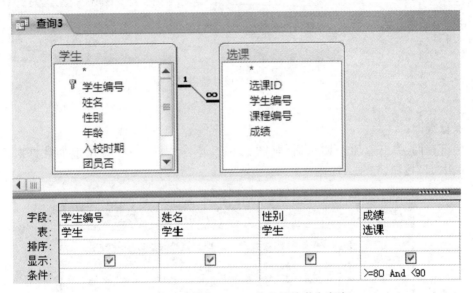

图 3.58　成绩在 80～90 分之间的学生查询

② 单击图 3.59 中所示的①，弹出追加对话框，在对话框②处输入被追加的表名，选择③，单击"确定"按钮④，设计结果如图 3.60 所示；

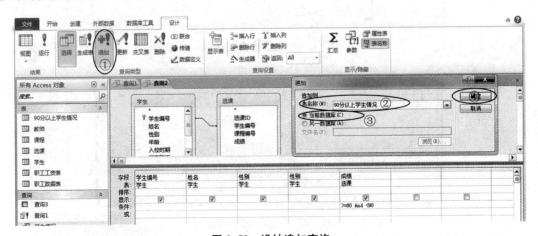

图 3.59　设计追加查询

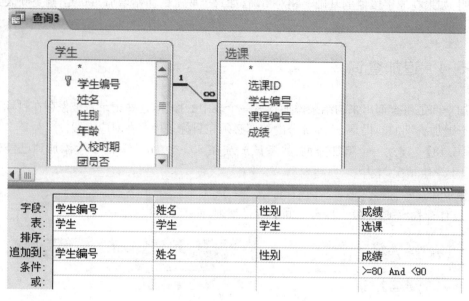

图 3.60   设计结果

③ 保存查询;

④ 运行查询,弹出追加查询对话框(图 3.61),单击"是"按钮,弹出追加数据对话框(图 3.62),单击"是"按钮,完成追加操作;

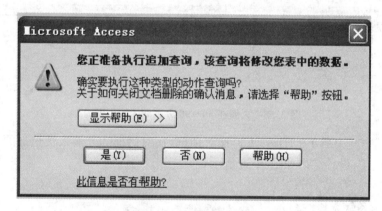

图 3.61   追加查询对话框

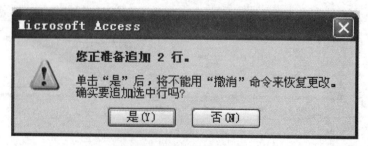

图 3.62   追加数据对话框

⑤ 执行追加操作后的"90 分以上学生情况"表内容如图 3.63 所示。

90分以上学生情况			
学生编号 ▾	姓名 ▾	性别 ▾	成绩 ▾
2008041102	陈 ×	男	91
2008041206	江 ×	男	92
2008041206	江 ×	男	99
2008041207	严 ×	男	90
2008041208	吴 ×	男	90
2008041102	陈 ×	男	87
2008041206	江 ×	男	80

图 3.63　追加后的表内容

3.6　SQL　查　询

结构化查询语言(Structured Query Language, SQL)是一种关系数据库语言,其功能包括数据定义、数据查询、数据操纵、数据控制 4 个方面,是一个通用的、功能极强的关系数据库标准语言,是在数据库领域应用最为广泛的数据库语言(视频 3.8)。

视频 3.8　关系数据库的
操作语言

3.6.1　SQL 语言简介

SQL 关系数据库语言集数据定义、数据查询、数据操纵和数据控制功能为一体,主要特点如图 3.64 所示。

非过程化

一体化

结构化查询
语言SQL

简单

共享

图 3.64　SQL 语言特点

（1）SQL 是一体化语言

它包括了数据定义、数据查询、数据操纵和数据控制等方面的功能，可以完成数据库生命周期中的全部工作。

（2）SQL 是非过程化语言

它只需要描述"做什么"，不需要描述"怎么做"。

（3）SQL 非常简单的语言

它接近于自然语言，易于学习和掌握。

（4）SQL 是共享语言

它全面支持客户机/服务器模式。

SQL 设计巧妙，语言简单，完成数据定义、数据查询、数据操纵和数据控制的核心功能只用 9 个动词，如表 3.8 所示。

表 3.8　SQL 功能及对应的命名

SQL 功能	命令动词
数据定义	Create,Drop,Alter
数据操纵	Inster,Updata,Delete
数据查询	Select
数据控制	Crant,Revote

1.　数据查询

SQL 语言的主要功能是查询。利用本章前面介绍的创建数据查询方法创建的每一个查询，都可以用 SQL 查询语句表示。"团员学生"查询如图 3.65 所示，切换到 SQL 视图，可见对应的 SQL 语句，如图 3.66 所示。

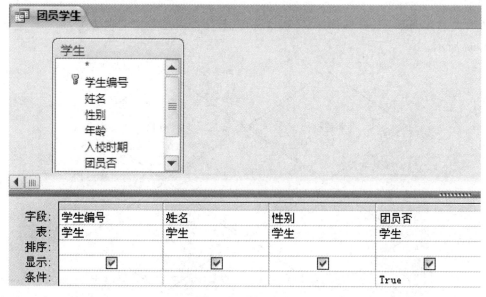

图 3.65　团员查询

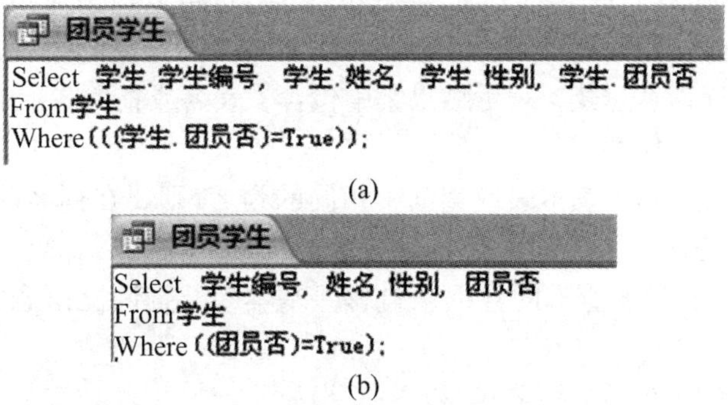

图 3.66 团员查询对应的 SQL 语句

由图 3.66 可见,查询语句的开头是 Select。

(1) Select 语句

一个完整的 Select 语句包括 Select、From、Where、Group By 和 Order By 子句。它具有数据查询、统计、分组和排序的功能。

① Select 语句的语法及功能。

语法:

Select[All | Distinct][<目标列表达式>[,…N]]

From<表名或查询名>[,<表名或查询名>[…N]]

[Where<条件表达式>]

[Group By <列名 1>[Having <条件表达式>]]

[Order By <列名 2>[Asc | Desc]];

功能:从指定的基本表或查询中,选择满足条件的元组(记录)数据,并对它们进行分组、统计、排序和投影,形成查询结果集。

② Select 语句的子句说明。

Select 语句的各子句简要说明见表 3.9。

表 3.9 Select 语句的子句功能

序号	子 句	功 能	举 例
1	Select	指定需要显示的字段	Select 姓名,年龄 Select *
2	From	指定数据源(表或查询)	From 学生 From 图书,读者
3	Where	指定查询条件	Where 年龄>20 Where Jiage Between 20 And 50
4	Group By	指定分组字段	Group By 性别
5	Order By	指定排序字段	Order By 学号

对各子句的详细说明如下:

a. 其中 Select 语句和 From 语句为必选子句,而其他子句为任选子句。

b. Select 子句用于指明查询结果集的目标列。<目标列表达式>是指查询结果集中包含的列名,可以是直接从基本表或查询中投影得到的字段,也可以与字段相关的表达式或数据统计的函数表达式,目标列还可以是常量。Distinct 说明要去掉重复的元组,All 表示所有满足条件的元组。省略<目标列表达式>表示结果集中包含<表名或查询名>中的所有列,此时<目标列表达式>可以使用∗代替。

如果目标列中使用了两个基本表或查询中相同的列名,则要在列名前加表名限定,即使用"<表名>.<列名>"表示。

c. From 子句用于指明要查询的数据来自哪些基本表。查询操作需要的基本表名之间用","分割。

例如,查询学生表中的学号、姓名、年龄。

　　Select 学号,姓名,年龄 From 学生;

d. Where 子句通过条件表达式描述对基本表或视图中元组的选择条件。该语句执行时,以元组为单位,逐个考察每个元组是否满足 Where 子句中给出的条件,将不满足条件的元组筛除,所以 Where 子句中的表达式也被称为元组的过滤条件。

e. Group By 子句的作用是将结果集按<列名 1>的值进行分组,即将该列值相等的元组分为一组,每个组产生结果集中的一个元组,可以实现数据的分组统计。当 Select 子句后的<目标列表达式>中有统计函数,且查询语句中有分组子句时,则统计为分组统计,否则为对整个结果集进行统计。

Group By 子句后可以使用 Having<条件表达式>短语,它用来限定分组必须满足的条件。Having 必须跟随 Group By 子句使用。

f. Order By 子句的作用是对结果集按<列名 2>的值进行升序(Asc)或降序(Desc)的操作。查询结果集可以按多个排序方式进行排序,根据各排序列的重要性从左向右列出。

③ Select 语句的执行过程。

根据 Where 子句的条件表达式,从 From 子句指定的基本表或查询中找出满足条件的记录,再按 Select 子句中的目标列表达式,选出记录中的列值形成结果集。如果有 Group 子句,则将结果集按<列名 1>的值进行分组,该属性列值相等的元组为一个组,每个组产生结果集中的一个元组。如果 Group By 子句后带 Having<条件表达式>短语,则只有满足指定条件的组才予以输出。如果有 Order By 子句,则结果集还要按<列名 2>的值的升序或降序排序。

SQL 语言的所有查询都是利用 Select 语句完成的,其对数据库的操作十分方便灵活,原因在于 Select 语句中的成分丰富多彩,有许多可选形式,尤其是其目标列和条件表达式。下面以学生管理数据库为例,分别介绍使用 Select 语句进行单表查询、连接查询、嵌套查询和组合查询。

④ SQL 视图(视频 3.9)。

a. SQL 语句都是在 SQL 查询视图下完成的。进入 SQL 查询视图的步骤是:依次单击图 3.67 中所示的①、②、③,点击查询工具选项卡的结果组,出现 SQL 视图(图 3.68)。

b. 单击 SQL,启动 SQL 设计器,将编辑窗体切换到 SQL 视图,如图 3.69 所示,Select 语句以分号";"结束。

视频 3.9　使用 SQL 脚本编写查询

(2)简单查询

简单查询也称单表查询,是最基本的查询语句。单表查询是指在查询过程中只涉及一个表的查询语句。

图 3.67　进入 SQL 查询视图步骤 1

图 3.68　SQL 视图按钮

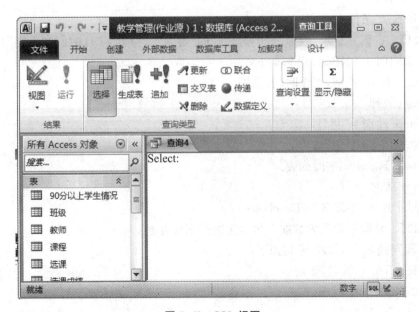

图 3.69　SQL 视图

① 检索表中所有记录和所有字段。

语句格式：

  Select ＊From＜表名＞；

【例 3.19】 查询教师表中所有记录的全部情况。

操作步骤：

a. 进入 SQL 设计视图。

b. 输入 SQL 查询语句：

  Select ＊ From 教师；

c. 单击叹号按钮，运行查询。

② 检索表中所有记录的指定字段。

语句格式：

  Select ＜字段列表＞

  From 表名；

【例 3.20】 查找并显示"教师"表中"姓名""性别""工作时间""系别"4 个字段。

操作步骤：

a. 进入 SQL 设计视图。

b. 输入 SQL 查询语句：

  Select 姓名,性别,工作时间,系别

  From 教师；

c. 单击叹号按钮，运行查询。

③ 检索表中满足条件的记录的指定字段。

语句格式：

  Select ＜字段列表＞

  From 表名

  Where ＜条件＞；

【例 3.21】 查询并显示"教师"表中男教师的"姓名""性别""工作时间""系别"4 个字段。

操作步骤同例 3.20,SQL 语句如下：

  Select 姓名,性别,工作时间,系别

  From 教师

  Where 性别＝"男"；

④ 检索表中前 n 个记录。

  Select Top n ＜字段列表＞

  From 表名

  Order By ＜字段名＞ Desclasc；

【例 3.22】 显示年龄最大的前 5 名学生的姓名和年龄。

操作步骤同例 3.20,SQL 语句如下：

  Select Top 5 姓名,年龄

  From 学生

  Order By 年龄 Desc；

⑤ 用新字段显示表中计算结果。

Select 字段,计算公式 As 字段名

  From 表名;

  【例3.23】 "学生"表有"出生日期"字段,但无"年龄"字段,计算每名学生的年龄,并显示"学生编号""姓名"和"年龄"。

  操作步骤同例3.20,SQL 语句如下:

  Select 学生编号,姓名,性别,Year(Date())-Left([出生日期],4) As 年龄

  From 学生;

或

  Select 学生.学生编号,学生.姓名,学生.性别,Year(Date())-Left([学生.出生日期],4) As 年龄

  From 学生;

  (3) 多表查询

  查询的数据源来自多个表的称为多表查询。

  在一个数据库中的多个基本表间一般都存在着某种联系,它们共同为用户提供相关联的信息。因此在对数据库的一个查询中经常会同时涉及多个基本表。这种在一个查询中同时涉及两个以上的基本表的查询称为连接查询,实际上它是数据库最主要的查询功能。

  连接查询操作是通过相关表间的记录匹配而得到结果的。连接查询有两种,一是将两个表连接在一起;二是将多个表连接在一起。

  ① 将两个表连接在一起。

  语句格式:

  Select <表名.字段名列表>

  From <表名1>,<表名2>

  Where [<表名1>.]<字段1>=[<表名2>.]<字段2>;

  【例3.24】 查询学生的学号、姓名、考试成绩。

  操作步骤同例3.20,SQL 语句如下:

  Select 学生.学生编号,学生.姓名,选课成绩.考试成绩

  From 学生,选课成绩

  Where 学生.学生编号=选课成绩.学生编号;

  ② 将多个表连接在一起。

  语句格式:

  Select <字段名列表>

  From <表名列表>

  Where [<表名1>.]<字段1>=[<表名2>.]<字段2>;

  And[<表名3>.]<字段3>=[<表名4>.]<字段4>;

  【例3.25】 查询学生的学生编号、姓名、课程名称、考试成绩。

  操作步骤同例3.20,SQL 语句如下:

  Select 学生.学生编号,学生.姓名,课程.课程名称,选课成绩.考试成绩

  From 学生,选课成绩,课程

  Where (((学生.学生编号)=[选课成绩].[学生编号]) And ((课程.课程编号)=[选课成绩].[课程编号]));

(4) SQL 嵌套查询

嵌套查询是指在查询语句 Select…Form…Where 内嵌入另一个查询语句。将嵌入在查询语句中的查询语句称为子查询，即子查询由另一个查询语句之内的 Select 语句组成。子查询是用括号括起来的特殊条件，它完成关系运算。子查询可以代替 Select 语句的字段列表中的表达式或代替 Where 子句、Having 子句中的表达式。

① 用于比较判断的子查询。

【例 3.26】 查找年龄小于班级平均年龄的学生，显示“学生编号”“姓名”“年龄”。

分析：先进行班级平均年龄查询：

```
Select Avg([年龄])From 学生；
```

再实现题目要求的 SQL 查询：查找年龄小于班级平均年龄的学生的查询语句。

```
Select 学生编号，姓名，年龄
From 学生
Where 年龄<(Select Avg([年龄])From 学生)；
```

该查询对应的设计视图，如图 3.70 所示。

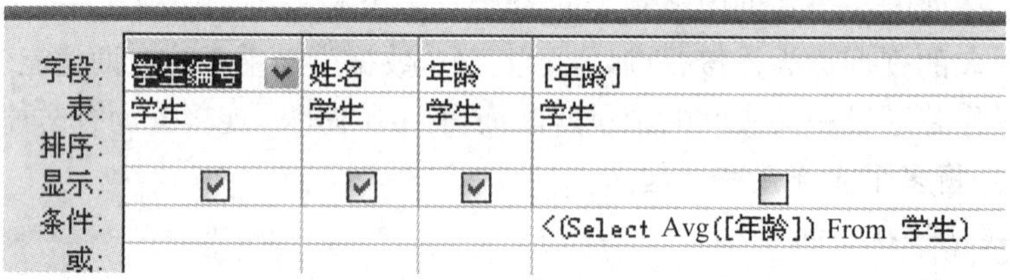

字段:	学生编号	姓名	年龄	[年龄]
表:	学生	学生	学生	学生
排序:				
显示:	☑	☑	☑	☐
条件:				<(Select Avg([年龄]) From 学生)
或:				

图 3.70　SQL 查询对应的设计视图

② 用于比较运算的子查询。

【例 3.27】 查找 3 学分课程学生的选课情况，并显示“学生编号”“课程编号”和“成绩”。

分析：

在课程表中查询 3 学分课程的 SQL 语句如下：

```
Select 课程编号 From 课程 Where 学分=3
```

以上句的运算结果作为课程编号对应的值，查找 3 学分课程选课情况的 SQL 语句如下：

```
Select 学生编号，课程编号，成绩
From 选课
Where 课程编号=(Select 课程编号 From 课程 Where 学分=3)；
```

该查询对应的设计视图如图 3.71 所示。

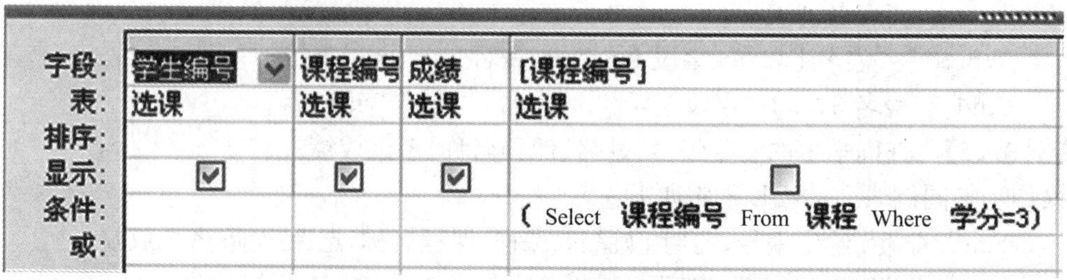

字段:	学生编号	课程编号	成绩	[课程编号]
表:	选课	选课	选课	选课
排序:				
显示:	☑	☑	☑	☐
条件:				(Select 课程编号 From 课程 Where 学分=3)
或:				

图 3.71　例 3.27 对应的设计视图

【例 3.28】 查找并显示“学生”表中高于平均年龄的学生记录。

Select *

From 学生

Where 年龄＞(Select Avg(年龄)From 学生);

③ 用于 IN 短语的子查询。

【例 3.29】　查找 2 学分或 3 学分课程学生的选课情况,并显示"学生编号""课程编号""成绩"。

Select 学生编号,课程编号,成绩

From 选课

Where 课程编号 In(Select 课程编号 From 课程 Where 学分＝2 Or 学分＝3);

该查询对应的设计视图,如图 3.72 所示。

字段:	学生编号	课程编号	成绩	[课程编号]
表:	选课	选课	选课	选课
排序:				
显示:	☑	☑	☑	☐
条件:				In（ Select 课程编号 From 课程 Where 学分=2 Or 学分=3)
或:				

图 3.72　例 3.29 的设计视图

④ 用于 All,Any 的子查询。

【例 3.30】　查找考试成绩超过所有选修编号为"101"课程的学生考试成绩的其他课程考试成绩情况,并显示"姓名""课程名称"和"成绩"。

Select 学生. 姓名,课程. 课程名称,选课. 成绩

From 学生,课程,选课

Where 学生. 学生编号＝选课. 学生编号 And 课程. 课程编号＝选课. 课程编号 And 选课. 成绩＞All(Select 选课. 成绩 From 选课 Where 课程编号＝"101");

3. 数据定义

数据定义是指对表一级的定义,SQL 语言的数据定义功能包括创建表、修改表和删除表等基本操作(视频 3.10)。

(1) 创建表——Create Table 语句

语句格式:

Create Table＜表名＞(＜字段名 1＞＜数据类型 1＞[字段级完全性约束条件 1][,＜字段名 2＞＜数据类型 2＞[字段级完整性约束条件 2]][,…][,＜字段名 n＞＜数据类型 n＞[字段级完整性约束条件 n]])[,＜表级完整性约束条件＞]

视频 3.10　用 SQL 创建数据定义查询

功能:创建一个表结构。

命令说明:

表名——被创建表的名称;

字段名——表中字段的名称;

数据类型——对应字段的数据类型。

表 3.10 列出了常用数据类型。

字段级完整性约束条件——对相关字段的约束条件,包括主键约束(Primary Key)、数据唯

一约束(Unique)、空值约束(Not Null 或 Null)和完整性约束(Check) 等。

表 3.10   常用数据类型符号及说明

数据类型	符 号	符 号	符 号	说 明
文本型	Text	Char		需要指定字段宽度
数字型	Tinyint	Smallint	Integer	Tinyint 为 1 字节整数；Smallint 为 2 字节整数；Integer 为 4 字节整数
日期型	Date			
备注型	Memo			
OLE 型	Image			

【例 3.31】   创建"新职工"表,表结构如表 3.11 所示。

表 3.11   "新职工"表结构

字段名称	数据类型	字段大小	说 明
新职工号	数字	整型	主键
姓名	文本	4	不允许为空
性别	文本	1	
出生日期	日期/时间		
部门	文本	20	
备注	备注		

Create Table 新职工(新职工号 Smallint Primary Key,姓名 Char(4) Not Null,性别 Char(1),出生日期 Date,部门 Char(20),备注 Memo);

所建立的表结构如图 3.73 所示。

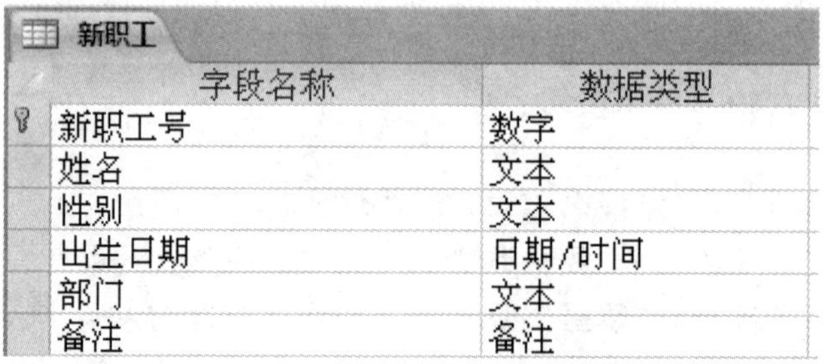

图 3.73   新职工表结构

(2) 修改表——Alter Table 语句

语句格式：

　　Alter Table<表名>

　　[Add<新字段名><数据类型>[字段完整性约束条件]]

　　[Drop[<字段名>]…]

　　[Alter<字段名><数据类型>];

功能:修改表(添加字段、删除字段、修改字段)。

命令说明:

<表名>——指出需要修改的表结构名字;

Add 子句——用于增加新字段;

Drop 子句——用于删除字段。

Alter 子句——用于修改原有字段属性,包括字段名称、数据类型。

【例 3.32】　在"新职工"表中增加一个字段,字段名为"职务",数据类型为"文本",删除"备注"字段,"新职工号"类型改为文本型。

① 增加"职务"字段:

　　Alter Table 新职工 Add 职务 Char(10);

② 删除备注字段:

　　Alter Table 新职工 Drop 备注;

③ "新职工号"类型改为文本型:

　　Alter Table 新职工 Alter 新职工号 Char(8);

注意:使用 Alter 语句对表结构进行修改时,一次只能添加、删除、修改一个字段。

(3) 删除表——Drop Table 语句

语句格式:

　　Drop Table <表名>

功能:删除指定表。

命令说明:

表一旦被删除,表中的数据等无法恢复。

【例 3.33】　删除已建立的"新职工"表。

　　Drop Table 新职工;

3. 数据操纵

数据操纵是指对表中的具体数据进行增加、删除和更新(记录操作)。

(1) 插入记录——Insert 语句

　　Insert Into<表名>[(<字段名 1>[,<字段名 2>…])]Value(<常量 1>[,<常量 2>]…);

功能:向指定的表中插入记录。

命令说明:

表名——指要插入记录的表的名称;

<字段名 1>[,<字段名 2>…]——指表中插入新记录的字段的名称;

Values (<常量 1>[,<常量 2>]…)——指表中新插入字段的具体值。其中,各常量的数据类型必须与 Into 子句中所对应字段的数据类型相同,且个数也要匹配。

【例 3.34】　在新职工表中插入(0001,刘×,女,1992 - 11 - 15,基建办)和(0002,赵×,男)两组数据。

插入记录的 SQL 语句如下:

　　Insert Into 新职工 Values("0001","刘×","女",♯1992 - 11 - 15♯,"基建办");

　　Insert Into 新职工 (新职工号,姓名,性别)Values("0002","赵×","男");

注意：文本数据使用双引号括起来，日期数据使用＃括起来。

插入命令执行后的表内容如图 3.74 所示。

新职工

新职工号	姓名	性别	出生日期	部门
1	刘×	女	1992-11-15	基建办
2	赵×	男		
*				

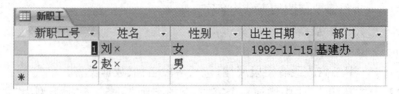

图 3.74　插入记录后的新职工表内容

(2) 更新记录——Update 语句

语句格式：

Update＜表名＞

Set＜字段 1＞=＜表达式 1＞[,＜字段 2＞=＜表达式 2＞]…[Where＜条件＞]；

功能：更新表中指定字段的值。

【例 3.35】　将“新职工”表赵×的出生日期改为 1995-5-5。

Update 新职工 Set 出生日期=＃1995-5-5＃ Where 姓名="赵×"；

修改后的表内容如图 3.75 所示。

新职工

新职工号	姓名	性别	出生日期	部门
1	刘×	女	1992-11-15	基建办
2	赵×	男	1995-5-5	
*				

图 3.75　记录修改后的表内容

(3) 删除记录——Delete 语句

语句格式：

Delete From ＜表名＞ [Where＜条件＞]；

功能：删除指定表所有记录或满足条件的记录。

【例 3.36】　将“新职工”表中“新职工号”为“0002”的记录删除。

Delete From 新职工 Where 新职工号="0002"；

4. 创建 SQL 特定查询

SQL 特定查询分为联合查询、传递查询、数据定义查询和子查询 4 种。其中数据定义查询和子查询在前面已经介绍，此处重点介绍联合查询、传递查询的创建。联合查询、传递查询、数据定义查询不能在查询设计视图中创建，必须在 SQL 视图中创建 SQL 语句(视频 3.11)。

视频 3.11　使用 SQL 语句创建特定查询

(1) 创建联合查询

联合查询将两个或更多表或查询中的字段合并到查询结果的一个字段中，使用联合查询可以合并两个表中的数据，并可以根据联合查询的结果创建生成表查询以生成一个新表。

联合查询的命令格式如下：

查询语句 1

Union［All］

查询语句 2；

命令说明：

Union——指合并的意思；

All——指合并所有记录。

【例 3.37】 设有"女生"表，包含字段"学生编号""姓名""性别"。创建联合查询，查询"学生"表中的男生和女生表中的所有学生。

> Select 学生编号，姓名，性别 From 学生 Where 性别＝"男"
>
> Union
>
> Select * From 女生；

【例 3.38】 显示"90 分以上学生情况"表中所有记录和"选课成绩"查询中 80 分以下的记录，显示内容为"学生编号""姓名""成绩"。

> Select 学生编号，姓名，成绩
>
> From 选课成绩
>
> Where 成绩＜80
>
> Union
>
> Select 学生编号，姓名，成绩
>
> From 90 分以上学生情况；

（2）创建传递查询

传递查询可以将命令发送到 ODBC（Open Data Base Connectivity）服务器上，例如 SQL Server 等。使用传递查询时，不必与服务器上的表链接，就可以直接使用相应的表。一般创建传递查询时，需要完成两项工作：一是设置要连接的数据库；二是在 SQL 窗口中输入 SQL 语句。

【例 3.39】 查询本机名为"shujuku"的 Visual Pro 数据库的表"stud"的信息，显示"学生编号""姓名""性别"和"年龄"字段的值。要求按年龄升序排列。

操作步骤：

① 创建新查询，进入查询设计视图。

② 单击图 3.76 中所示的①进入 SQL 传递查询窗口，单击②，打开属性对话框③。

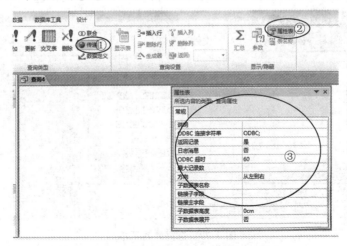

图 3.76　传递查询设计器和属性对话框

③ 在对话框中设置"ODBE 连接字符串"属性来指定要连接的数据库信息。

a. 插入点移入 ODBC 属性栏,单击"…"按钮,打开"选择数据源"对话框,如图 3.77 所示。

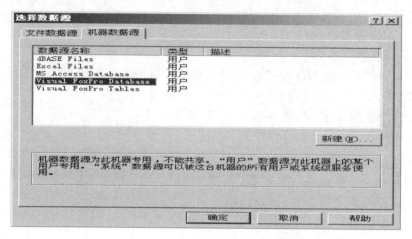

图 3.77

b. 选择"机器数据源"选项卡,并从列表中选择"Visual FoxPro Database 用户",如图 3.78 所示,单击确定按钮,打开连接设置(Configure Connection)对话框。

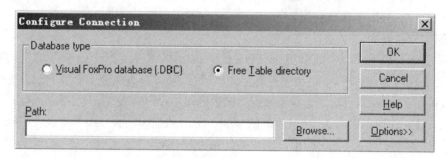

图 3.78

c. 单击"浏览"(Browse)按钮,打开选择表对话框,如图 3.79 所示。

图 3.79　选择表对话框

d. 选择 U 盘上的"stud. dbf"表,如图 3.80 所示。单击"确定"按钮,返回上级。

图 3.80

e. 设置完成的界面如图 3.81 所示,单击"OK"按钮弹出"连接字符生成器"窗口,如图 3.82 所示。

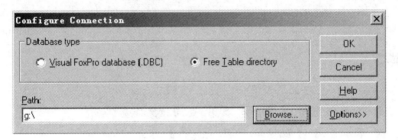

图 3.81

f. 单击"连接字符生成器"窗口上的"是"按钮,完成连接设置。

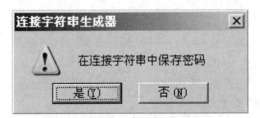

图 3.82　"连接字符串生成器"消息

g. 设置好的属性窗口如图 3.83 所示。

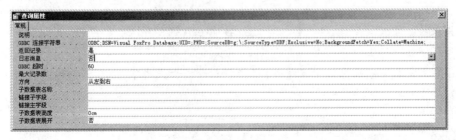

图 3.83

输入查询语句：

　　　Select 学生编号,姓名,性别,年龄 From stud Order By 年龄;

④ 切换到数据表窗口,查询结果如图 3.84 所示。

学生编号	姓名	性别	年龄
137030103	储×	女	18
137010304	戴×	女	18
137030105	丁×	男	19
137030102	陈×	男	20
137030106	高×	男	20

图 3.84　查询结果

练 习 3

一、选择题

1. Access 2010 支持的查询类型有(　　　)。

A. 选择查询、交叉表查询、参数查询、SQL 查询和操作查询

B. 选择查询、基本查询、参数查询、SQL 查询和操作查询

C. 多表查询、单表查询、参数查询、SQL 查询和操作查询

D. 选择查询、汇总查询、参数查询、SQL 查询和操作查询

2. 根据指定的查询条件,从一个或多个表中获取数据并显示结果的查询称为(　　　)。

A. 交叉表查询　　　　　　　　　　B. 参数查询

C. 选择查询　　　　　　　　　　　D. 操作查询

3. 下列关于条件的说法中,错误的是(　　　)。

A. 同行之间为逻辑"与"关系,不同行之间的逻辑"或"关系

B. 日期/时间类型数据在两端加上♯

C. 数字类型数据需在两端加上双引号

D. 文本类型数据需在两端加上双引号

4. 在学生成绩表中,查询成绩为 70~80 分(包括 70 分和 80 分)之间的学生信息。正确的条件设置为(　　　)。

A. >69 Or <80　　　　　　　　　B. Between 70 And 80

C. >70 And <80　　　　　　　　　D. In(70,79)

5. 若要在文本型字段执行全文搜索,查询"Access"开头的字符串,正确的条件表达式设置为(　　　)。

A. Like "Access * "　　　　　　　B. Like"Access"

C. Like " * Access * "　　　　　　D. Like" * Access"

6. 参数查询时,在一般查询条件中写上(　　),并在其中输入提示信息。

A. () 　　　　　　B. <> 　　　　　　C. {} 　　　　　　D. []

7. 使用查询向导,不可以创建(　　)。

A. 单表查询 　　　　　　　　B. 多表查询

C. 带条件查询 　　　　　　　D. 不带条件查询

8. 在"学生成绩"表中,若要查询姓"张"的女同学的信息,正确的条件设置为(　　)。

A. 在"条件"单元格输入:姓名＝"张" And 性别＝"女"

B. 在"性别"对应的"条件"单元格中输入:"女"

C. 在"性别"的条件行输入"女",在"姓名"的条件行输入:LIKE "张 ∗ "

D. 在"条件"单元格输入:性别＝"女"And 姓名＝"张 ∗ "

9. Select 命令中用于排序的关键词是(　　)。

A. Group By 　　　　　　　　B. Order By

C. Having 　　　　　　　　　D. Select

10. Select 命令中条件短语的关键词是(　　)。

A. While 　　　　　　　　　B. For

C. Where 　　　　　　　　　D. Condition

11. 在以下查询中除了从表中选择数据外,还对表中数据进行修改的是(　　)。

A. 选择查询 　　　　　　　　B. 交叉表查询

C. 操作查询 　　　　　　　　D. 参数查询

12. 会在执行时弹出对话框,提示用户输入必要的信息,再按照这些信息进行查询的是(　　)。

A. 选择查询 　　　　　　　　B. 参数查询

C. 交叉表查询 　　　　　　　D. 操作查询

13. 假设某一个数据库表中有一个姓名字段,查找姓王的记录的准则是(　　)。

A. Not"王 ∗ " 　　　　　　　B. Not"王"

C. Like"王 ∗ " 　　　　　　　D. "王 ∗ "

14. 操作查询不包括(　　)。

A. 更新查询 　　　　　　　　B. 参数查询

C. 生成表查询 　　　　　　　D. 删除查询

15. 若查询学生表的所有记录及字段,其 SQL 语法应是(　　)。

A. Select 姓名 From 学生

B. Select ∗ From 学生

C. Select ∗ From 学生 Where 学号＝1258001

D. 以上都不是

二、填空题

1. 在 Access 2010 中,_____查询的运行一定会导致数据表中数据发生变化。

2. 在成绩表中,查找成绩在 75~85 分之间的记录时,条件为_____。

3. 如果要在某数据表中查找某文本型字段的内容以"S"开头的所有记录,则应该使用的查询条件是_____。

4. 将 1990 年以前参加工作的教师的职称全部改为副教授,则适合使用_____查询。

5. 利用对话框提示用户输入参数的查询称为_____。

6. 查询建好后,要通过_____来获得查询结果。

7. SQL 语句的必选子句是_____和_____。

8. Select 语句中的 Group By 短语用于进行_____。

9. Select 语句中的 Order By 短语用于对查询的结果进行_____。

三、操作题

1. 使用查询向导,在"教学管理"中查找"职工数据表"表中记录,并显示"姓名""性别""出生时间"和"系部名称"4 个字段,查询保存为"T1"。

2. 使用查询向导,查询每个教师的姓名、性别、基本工资,查询名称为"T2"。

3. 利用查询设计器,创建名为"T3"的查询,查询"学生"表中全体学生的学号和姓名。

4. 利用查询设计器,创建名为"T4"的查询,查询学生姓名、课程名及成绩。

5. 利用查询设计器,创建名为"T5"的查询,查询学生年龄高于 25 岁的记录。

6. 利用查询设计器,创建名为"T7"的查询,查询女讲师。

7. 查询教师表中的政治面貌是党员的教师,要求运行查询可以生成"党员教师"表。

8. 创建用于删除"教师"表中 2014 年以后参加工作的教师的查询

9. 创建查询给每位学生的年龄增加 2 岁。

10. 创建查询将"2015 网络 2 班"表中的记录追加到"学生"表中。

11. 根据要求设计 SQL 语句语句:

(1) 查询出所有专业为"电子商务"的学生的信息,显示"学号""姓名"和"专业"字段;

(2) 查询"学生"表中的所有记录的所有字段的信息;

(3) 查询所有姓"王"的学生的信息;

(4) 查询 1990 年出生的学生的信息。

第4章 窗 体

窗体是应用程序和用户之间的接口,是用户与数据库交互的桥梁。通过窗体可以进行输入、编辑、显示和查询数据,可以将数据库中的对象组织起来形成功能完善、风格统一的数据库应用系统。本章将介绍窗体的相关知识及窗体的创建和使用。

4.1 窗 体 概 述

窗体是 Access 数据库的重要对象之一,在窗体上面可以放置控件,通过控件可以方便而直观地访问数据表,使数据输入、输出、修改更加灵活。但是窗体本身并不存储数据(视频 4.1)。

4.1.1 窗体的作用

窗体是用户与 Access 数据库应用系统进行人机交互的界面,是数据库应用系统的基本对象。创建窗体的目的是方便用户使用数据库应用系统来管理数据。

窗体包括两类信息:一是不变信息,如修饰、说明信息;二是变化的信息,如数据记录信息,与表或查询有关。窗体的作用可归纳为以下三点:

1. 输入和编辑数据

可以根据需求设计合理的显示界面,通过界面输入数据,同时可以在窗体中增加、修改和删除数据库中的数据。

2. 显示和打印数据

窗体上既可以显示文字、警告及提示等信息,又可显示图像、声音和视频等多媒体信息。窗体中的信息可以打印出来。

3. 控制应用程序的流程

Access 窗体上的对象控件可以与宏或 VBA 编程相结合,用来控制应用程序执行相应的操作。例如,在窗体上添加一个命令按钮,并对其编写相应的宏或事件过程,当单击此按钮时,就会触发并运行一个宏对象或事件过程,执行相应的操作,从而达到控制程序执行流程的目的。

4.1.2 窗体的类型

Access 窗体按数据显示的方式分为纵栏式窗体、表格式窗体、数据表窗体、主/子窗体、图表窗体、数据透视表窗体和数据透视图窗体共 7 种。

Access 窗体按功能分为数据操纵窗体、控制窗体、信息显示窗体和交互信息窗体 4 类。

1. 数据操纵窗体

数据操纵窗体主要用来对表或查询进行显示、浏览、输入、修改等操作,如图 4.1 所示。数据操纵窗体又根据数据组织和表现形式的不同分为单窗体、数据表窗体、分割窗体、多项目窗体、数据透视表窗体和数据透视图窗体。

图 4.1 数据操纵窗体——"学生"窗体

2. 控制窗体

控制窗体主要用来操作、控制程序运行,它是通过选项卡、按钮等控件对象来响应用户请求的(图 4.2)。

图 4.2 控制窗体

3. 信息显示窗体

信息显示窗体主要用来显示信息,信息以数值或者图表的形式显示(图 4.3)。

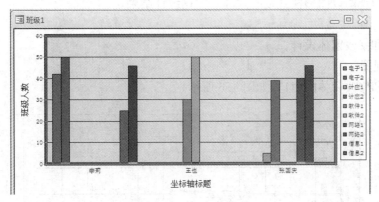

图 4.3 信息显示窗体

4. 交互式窗体

交互式窗体可以是用户定义的,也可以是系统自动产生的。用户定义的交互式窗体可以接受用户输入、显示系统运行结果等,系统产生的交互式窗体可以显示各种警告信息(图 4.4)。

图 4.4 交互式窗体

4.1.3 窗体的视图

Access 窗体有 6 种视图,如图 4.5 所示。最常用的是窗体视图、布局视图和设计视图。不同类型的窗体具有不同的视图类型,窗体在不同的视图中完成不同的任务。窗体在不同视图之间可以切换。

(1)窗体视图

这是窗体运行时的视图,是面向用户的视图。

(2)数据表视图

数据表视图使用原始的数据表的风格显示数据。

图 4.5 窗体视图列表

（3）数据透视表视图

数据透视表视图以表格模式动态地显示数据统计结果。

（4）数据透视图视图

数据透视图视图以图形模式动态地显示数据统计结果。

（5）布局视图

用于调整和修改窗体设计。

（6）设计视图

用于创建和修改窗体的窗口，如图 4.6 所示。

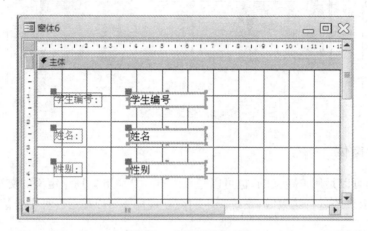

图 4.6　窗体设计视图

图 4.7 说明了各种视图的应用场合。

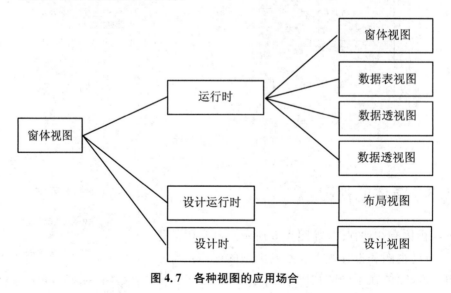

图 4.7　各种视图的应用场合

4.2　创　建　窗　体

创建窗体主要有自动创建、窗体向导、设计视图 3 种方式。通常这 3 种方式配合使用，即先通过自动创建或向导生成简单样式的窗体，再通过设计视图进行编辑，直到符合用户需求。

4.2.1　创建窗体工具

窗体创建工具在"创建"选项卡的"窗体"组中，如图 4.8 所示。组中各按钮的功能如表 4.1 所示。

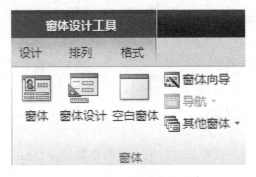

图 4.8　"窗体"组

表 4.1　窗体组各按钮说明

工具名称	功　　能
窗体	是一种快速创建窗体的工具，只需要依次单击鼠标便可以利用当前打开(或选中)的数据源自动创建窗体
窗体设计	单击该按钮，进入窗体设计视图
空白窗体	可以创建一个空白窗体，在这个窗体上能够直接从字段列表中添加绑定型控件
窗体向导	辅助用户创建窗体的工具。通过提供的向导，建立基于一个或多个数据源的不同布局的窗体
导航	用于创建具有导航按钮的窗体，也称导航窗体。导航窗体有 6 种不同的布局格式，但是创建方式是相同的，如图 4.9 所示
其他窗体	提供 6 种不同窗体，通过相关命令创建对应的窗体，如图 4.10 所示

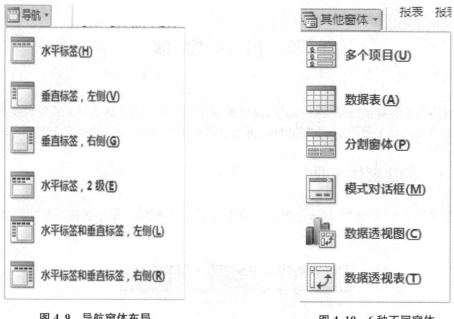

图 4.9　导航窗体布局　　　　　　　　　图 4.10　6 种不同窗体

4.2.2　自动创建窗体

如果只需将数据表或查询数据源中的记录显示在窗体中,使用 Access 自动创建窗体功能最为快捷(视频 4.2)。

自动创建窗体基本步骤:先打开(或选定)一个表或查询;选用某种自动创建窗体的工具创建窗体。

Access 提供了两种方法自动创建窗体:第一种是使用"窗体"按钮;第二种是从"其他窗体"的下列菜单前四行中选择一项。

视频 4.2　自动创建窗体

1. 使用"窗体"按钮创建纵栏式窗体

【例 4.1】　以"教师"表为数据源,使用"窗体"按钮,创建"教师"窗体。

操作步骤:

① 在导航区选中"教师"表。

② 单击图 4.11 中① "创建"选项卡,再单击"窗体"组中② "窗体"按钮,系统将自动生成窗体(图 4.12)。

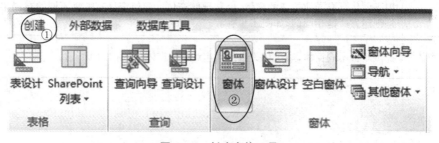

图 4.11　创建窗体工具

图 4.12　"教师"窗体

使用"窗体"按钮创建的窗体是纵栏式窗体。

2. 使用"多个项目"工具

"多个项目"为在窗体上显示多个记录的一种窗体布局形式。

【例 4.2】　使用"多个项目"工具,创建"学生"窗体。

操作步骤:

① 选中"学生"表。

② 单击"窗体"组中的"其他窗体",从弹出菜单中选择"多个项目"。创建的窗体如图 4.13
所示。

学生编号	姓名	性别	年龄	入校时间	团员否	简历	照片
2008041102	陈×	男	21	2008-9-2	☑	北京海淀	
2008041103	王×	女	19	2008-9-3	☑	江西九江	
2008041104	叶×	男	18	2008-9-2	☑	上海	
2008041105	张×	男	22	2008-9-2	☐	北京顺义	

图 4.13　多个项目窗体

在"多个项目"生成的窗体中,OLE 对象数据类型的字段可以在表格中正常运行。

3. 使用"表格式"窗体工具

表格式窗体类似于一张在数据表视图下的表,能够显示更多的数据。

【例 4.3】　使用"数据表"工具,创建"学生"窗体。

操作步骤:

① 选中"学生"表。

② 单击"窗体"组中"其他窗体",从弹出菜单中选择"数据表"。创建的窗体如图 4.14
所示。

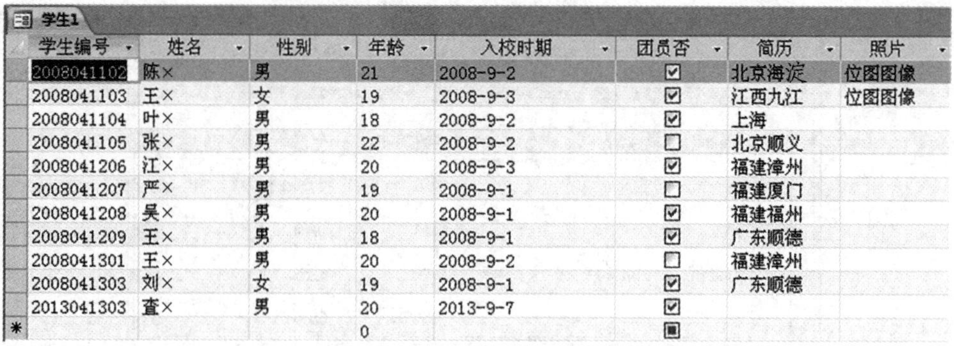

学生编号	姓名	性别	年龄	入校时期	团员否	简历	照片
2008041102	陈×	男	21	2008-9-2	☑	北京海淀	位图图像
2008041103	王×	女	19	2008-9-3	☑	江西九江	位图图像
2008041104	叶×	男	18	2008-9-2	☑	上海	
2008041105	张×	男	22	2008-9-2	☐	北京顺义	
2008041206	江×	男	20	2008-9-3	☑	福建漳州	
2008041207	严×	男	19	2008-9-1	☐	福建厦门	
2008041208	吴×	男	20	2008-9-1	☑	福建福州	
2008041209	王×	男	18	2008-9-1	☑	广东顺德	
2008041301	王×	男	20	2008-9-2	☐	福建漳州	
2008041303	刘×	女	19	2008-9-1	☑	广东顺德	
2013041303	查×	男	20	2013-9-7	☑		
*			0		☐		

图 4.14 数据表窗体

4. 使用"分隔窗体"工具

"分隔窗体"用于创建一种具有两种布局形式的窗体。窗体上方是单一记录纵栏式布局方式,窗体下方是多个记录数据表布局方式。

【例 4.4】 使用"分隔窗体"工具,创建"学生"窗体。

操作步骤:依次单击图 4.15 中的①、②、③、④。创建的窗体如图 4.16 所示。

图 4.15 创建分割窗体

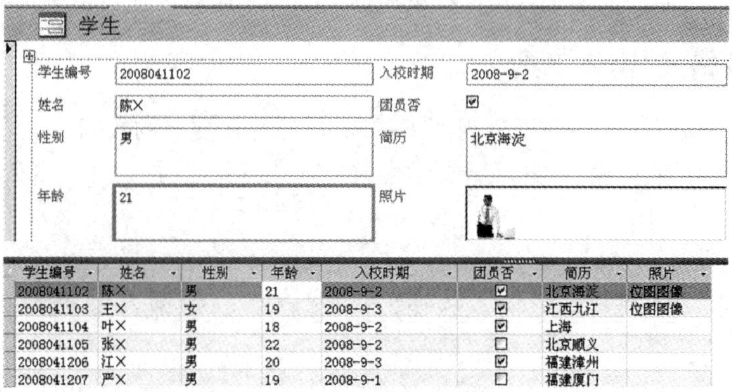

图 4.16 分割窗体

5. 使用"模式对话框"工具

使用"模式对话框"工具可以创建模式对话框窗体。这种形式的窗体是一种交互信息窗体，如图 4.17 所示。

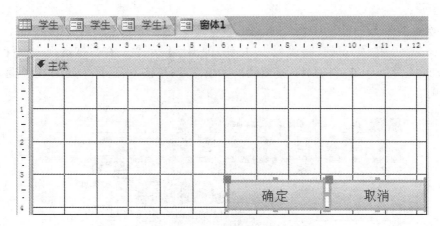

图 4.17　模式对话框

【例 4.5】　创建图 4.18 所示的"模式对话框"窗体。

操作步骤：

依次单击图 4.18 中的①、②、③。

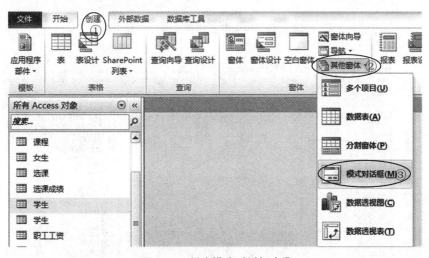

图 4.18　创建模式对话框步骤

4.2.3　创建图表窗体

使用"其他窗体"工具可以创建数据透视表和数据透视图窗体。这种窗体能显示数据分析和汇总结果。

1. 创建数据透视表窗体

数据透视表是一种特殊的表,用于进行计算和分析。

【例 4.6】 以"教师"表为数据源,创建各系不同职称教师人数的数据透视表窗体。

操作步骤:

① 依次单击图 4.19 中的①、②、③,进入数据透视表设计视图。

② 单击"显示/隐藏"组的"字段列表"按钮,弹出字段列表。在数据透视表设计视图中将"系别"拖动到行字段④处;将"职称"拖放到列字段⑤处;单击⑥,选择⑦处的"数据区域",单击⑧(图 4.20)。

图 4.19　进入数据透视表设计步骤

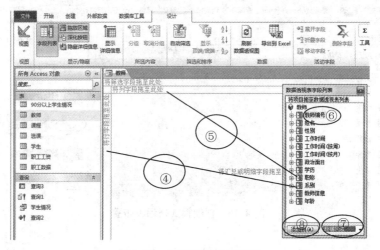

图 4.20　添加字段操作步骤

完成的"教师"数据透视表如图 4.21 所示。

2. 创建数据透视图窗体

数据透视图是一种交互式图表,其功能与数据透视表类似。

【例 4.7】 以"职工数据"表为数据源,创建数据透视图窗体,统计并显示各系不同职称的

图 4.21 各系不同职称教师人数

教师人数。

操作步骤：

① 依次单击图 4.22 中的①、②、③、④，进入"数据透视图"设计视图。

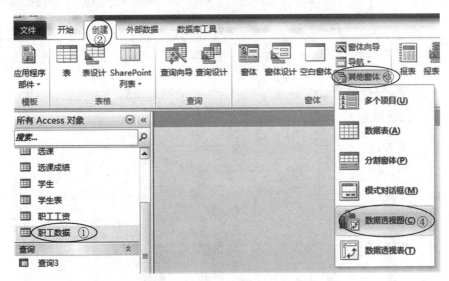

图 4.22 进入"数据透视图"设计步骤

② 单击图 4.23 中的⑤，弹出字段列表。在"数据透视图"设计视图将"系部名称"拖动到分类字段⑥处；将"职称"拖放到系列字段⑦处；单击⑧，选择⑨处的"数据区域"，单击⑩。

③ 数据透视图如图 4.24 所示。

4.2.4 使用空白按钮创建窗体

当要创建的窗体只需要显示数据表中的某些字段时，用"空白窗体"按钮创建会很方便。空白窗体是不带控件格式的窗体。使用"空白窗体"按钮创建窗体是在"布局视图"中创建数据表窗体。

【例 4.8】 以"学生"表为数据源，用"空白窗体"按钮，创建显示**"学生编号""姓名""年龄"**"照片"的窗体。

操作步骤：

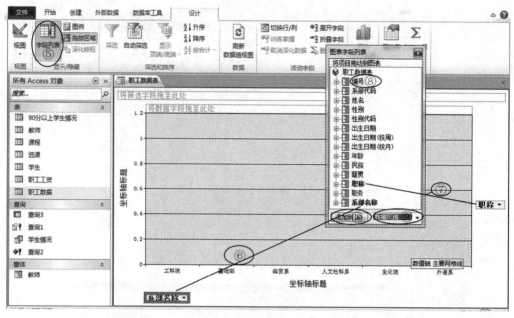

图 4.23　设置字段

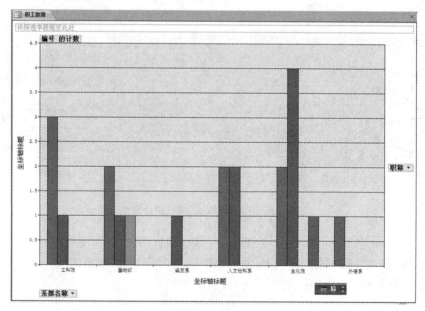

图 4.24　数据透视图

① 单击图 4.25 中的①、②，进入空白窗体设计视图，同时弹出字段列表③。

② 单击字段列表中学生表左侧的"＋"号，展开"学生"表（图 4.26），依次双击"学生编号""姓名""年龄""照片"等字段。这些字段被添加到空白窗体中，且窗体显示表中的第一条记录。字段列表对话框变成上下两个小窗格（图 4.27）。

③ 关闭字段列表对话框，保存"学生"窗体。看到窗体结果如图 4.28 所示。

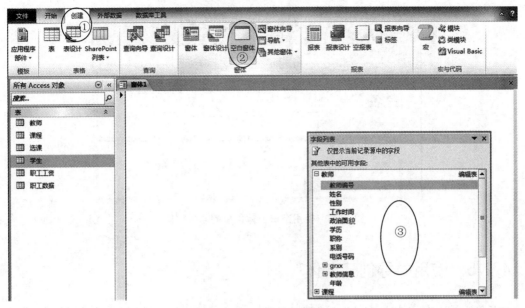

图 4.25 空白窗体

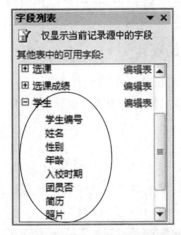

图 4.26 "学生"表展开字段

图 4.27 在空白窗体添加字段

图 4.28　使用空白窗体创建的学生窗体

4.2.5　使用向导创建窗体

使用"窗体"按钮、"其他窗体"按钮等工具创建窗体虽然方便快捷,但是无法选择字段,在内容和形式上都受到很大的限制,不能满足用户自主选择显示内容和显示方式的要求。使用"窗体向导"创建窗体可以解决数据选择问题。

1. 创建基于单个数据源的窗体

基于单个数据源的窗体数据来源于一个表或查询。

【例 4.9】　利用"窗体向导"创建"选课成绩"窗体。要求窗体布局为纵栏式,显示内容为"选课"表中所有字段。

操作步骤:

①　依次单击图 4.29 中的①、②,弹出右下角的"窗体向导"对话框。

②　在图 4.29"窗体向导"对话框中单击③,从列表中选择"选课"表。单击④将选课表的所有字段添加到选定字段窗格中,单击"下一步"按钮。

图 4.29

③ 在弹出的"指定窗体布局"对话框(图 4.30)中,确定窗体的布局为"纵栏式",单击"下一步"按钮。

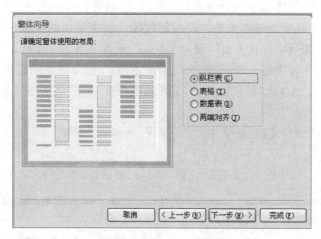

图 4.30　指定窗体布局对话框

④ 在"为窗体指定标题"对话框(图 4.31)中,为窗体指定标题"选课成绩",单击"完成"按钮。

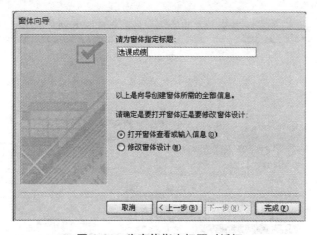

图 4.31　为窗体指定标题对话框

⑤ 创建的窗体如图 4.32 所示。

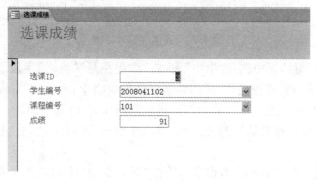

图 4.32　"选课成绩"窗体

2. 创建基于多个数据源的窗体

使用窗体向导可以创建基于多个数据源的窗体,所创建窗体称为主/子窗体。

主/子窗体是基于具有一对多关系的表而创建的。当主窗体的数据变化时,子窗体中的数据也会随着发生相应的变化。在主窗体显示关系的"一"端的记录;而子窗体显示出关系的"多"端的记录。子窗体有两种类型:一种是嵌入式子窗体;另一种是独立的链接子窗体。

【例 4.10】　使用"窗体向导"创建窗体,显示所有学生的"学生编号""姓名""课程名称""成绩",窗体名为"学生选课成绩"。

分析:学生选课成绩窗体涉及"学生"表、"课程"表和"选课"表。

操作步骤:

① 依次单击图 4.33 中的①、②,弹出"窗体向导"对话框,如图 4.34 所示。

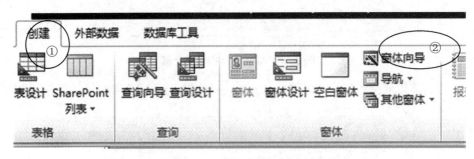

图 4.33

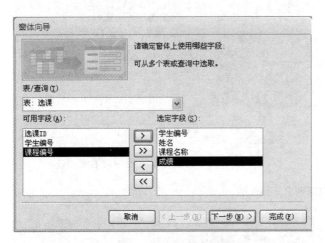

图 4.34　窗体向导对话框

② 在"窗体向导"对话框中选择"学生"表,将"学生编号""姓名"字段添加到选定字段窗格中;其次选择"课程"表,将"课程名称"添加到选定字段窗格中;再选定"选课"表,将"成绩"字段添加到选定字段窗格中。单击"下一步"按钮,进入如图 4.35 所示界面。

③ 在图 4.35 中选择查看数据的方式和"带有子窗体的窗体",单击"下一步"按钮,进入如图 4.36 所示界面。

④ 确定子窗体使用的布局为"数据表",单击"下一步"按钮,进入如图 4.37 所示界面。

⑤ 为窗体指定标题,主窗体为"学生选课成绩",单击"完成"按钮。

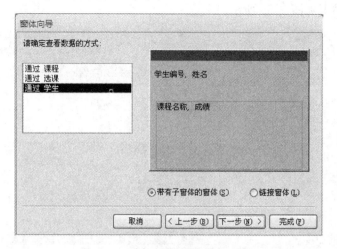

图 4.35 选择数据查看方式对话框

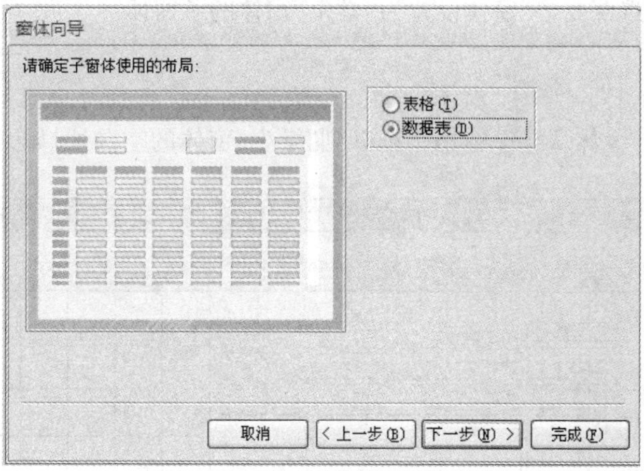

图 4.36

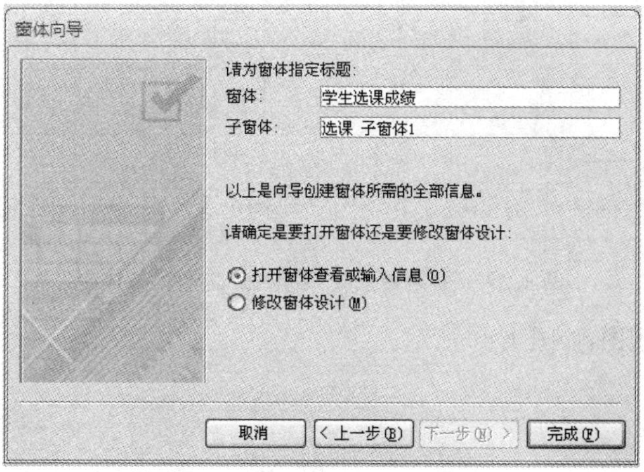

图 4.37

⑥ 窗体运行情况如图 4.38 所示。

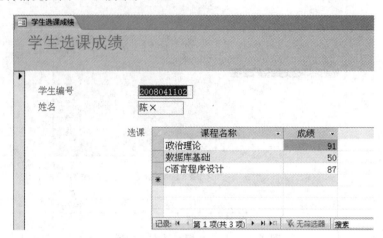

图 4.38 "学生选课成绩"主/子窗体

【例 4.11】 将"选课成绩"窗体设置为"学生"窗体的子窗体。

操作步骤：

① 在设计视图下打开"学生"窗体。

② 将"选课成绩"窗体从导航窗格中拖动到"学生"窗体的空白处，如图 4.39 所示。

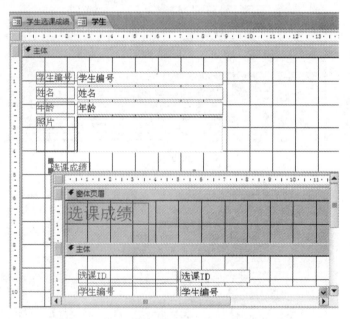

图 4.39 将"选课成绩"窗体拖入"学生"窗体中

③ 切换到窗体视图，如图 4.40 所示。

图 4.40　"学生选课成绩"主/子窗体

4.3　设　计　窗　体

使用设计视图创建窗体更自主、更灵活(视频 4.3)。

4.3.1　窗体设计视图

视频 4.3　设计窗体

1. 设计视图的组成

"窗体设计"视图是设计、修改窗体的视图形式。

进入窗体设计视图步骤：

① 依次单击图 4.41 中所示的①、②，进入默认的窗体设计视图③。

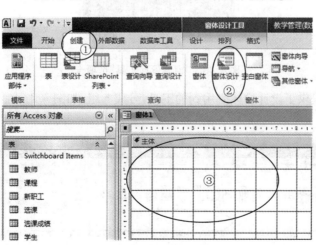

图 4.41　进入窗体设计视图

② 新建窗体时在窗体视图中只有"主体"部分(图 4.41),在主体空白处右击,弹出快捷菜单如图 4.42(b)所示,选择椭圆中的命令,可添加窗体页眉/页脚或页面页眉/页脚。添加后,窗体设计视图由五个部分组成,如图 4.42(b)所示,分别是窗体页眉①、页面页眉②、主体③、页面页脚④和窗体页脚⑤,其中每一部分称作一个节。

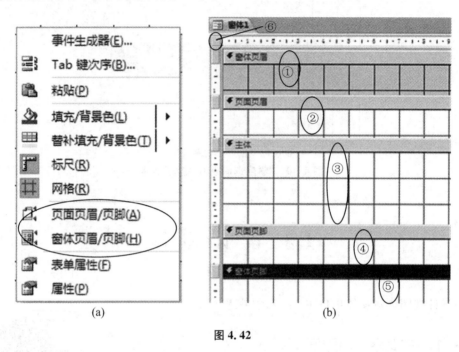

(a)　　　　　　　　　　　(b)

图 4.42

③ 设计窗体时,若选择每一个节,在相应的节处单击即可。若选择窗体,单击图 4.42(b)的窗体选择器⑥。

2. "窗体设计工具"选项卡

在窗体设计过程中,使用最多的就是"窗体设计工具"选项卡(图 4.43)。

图 4.43　"窗体设计工具"选项卡

"设计"选项卡提供了设计窗体时用到的工具,分成 5 组,如图 4.44 所示。每一组的功能如表 4.2 所示。

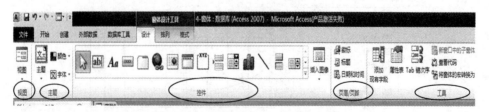

图 4.44　"窗体设计工具"选项卡的分组

表 4.2 各组的基本功能

组名称	功 能
视图	单击此组下拉按钮,可以选择进入窗体其他视图
主题	可设置整个系统的视觉外观
控件	设计窗体的主要工具,由多个控件组成。控件是窗体中的对象,它在窗体中起着显示数据、执行操作以及修饰窗体的作用
页眉/页脚	设置窗体的页眉/页脚和页面的页眉/页脚
工具	提供设置窗体及控件属性等的相关工具

控件是窗体中的对象(图 4.45),它在窗体中起着显示数据、执行操作以及修饰窗体的作用,常用控件功能如表 4.3 所示。

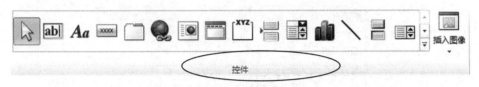

图 4.45 窗体控件

表 4.3 各控件的主要功能

控件名称	功 能
选择对象	选择对象
控件向导	打开或关闭控件向导
标签	显示固定信息
文本框	输入数据、显示数据、编辑窗体的记录源数据
选项组	对选项控件进行分组。一般与切换按钮、单选按钮和复选框结合使用
切换按钮	有按下和抬起两种状态,可作为是/否型控件
单选按钮	用于在一组中选定一个
复选框	且有两种状态,可用于是/否类型的字段绑定
列表框	显示一组数据,并可以从中选择一个或多个数据项
组合框	具有文本框和列表框的特性
命令按钮	执行指定的命令
图像	显示静态图片
未绑定对象框	可绑定其他应用程序对象
绑定对象框	与数据表"OLE 对象"绑定
分页符	用于打印分页显示的控件
选项卡控件	用来设置多页显示的效果
子窗体/子报表	用来显示多表的数据

续表

控件名称	功　　能
直线	用于绘制直线
矩形	用于绘制矩形
Actirex 控件	可以选择系统提供的其他 Activex 控件

4.3.3　属性表窗口

窗体中的每部分或其中每个控件都具有各自的属性,可以通过设置属性来决定控件的特征、行为等。单击工具组上的"属性表"按钮,就会出现属性表窗口,如图 4.46 所示。

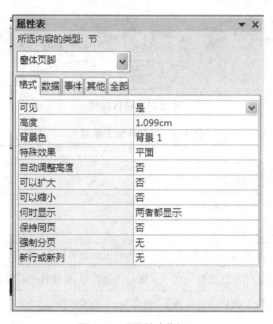

图 4.46　"属性表"窗口

从图 4.46 可以看出,属性窗口有 5 个选项卡,分别为"格式""数据""事件""其他"和"全部",选项卡功能如表 4.4 所示。窗体的属性及含义见附录 B,控件的属性及含义见附录 C。

表 4.4　选项卡功能

选项卡名称	功　　能	说　　明
格式	用于设置对象的外观	如控件标题、颜色以及字体的大小
数据	用于指定窗体、控件数据的来源	其数据可以是数据表或查询对象
事件	用于设置触发某一事件后的处理过程	可以执行宏命令、表达式或 VBA 程序
其他	用于设置对象名称等属性	设置对象名称等
全部	汇总其他 4 个选项卡中的命令	包括控件前 4 项的所有属性

4.3.4 控件的功能与使用

Access 中的控件用于输入、显示和计算数据及执行各种操作(视频 4.4)。如组合框可以显示和输入数据,命令按钮可以控制窗体等操作,标签可以显示说明性文本等。控件在窗体中起着显示数据、执行操作以及修饰窗体的作用。虽然控件的种类较多,但从控件和数据源的关系来看可分为三类:一是绑定型控件,表示该控件有数据源,即与表或查询中某一字段相连,可用于显示、输入及更新数据库中的字段;二是非绑定型控件,即该控件无数据源,如标签、线条和图像等控件;三是计算控件,其将表达式作为控件的数据源。

视频 4.4 设计窗体 2

1. 标签

标签控件用来显示说明性的文本信息。一般应用于窗体和报表中的标题、名称等(图 4.47),属于非绑定型控件。

标签的创建方法有两种:一种是使用标签控件;另一种是在创建其他控件(如文本框、组合框等)时,标签自动添加在其他控件的左边。

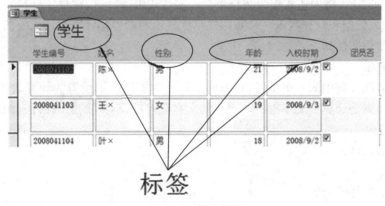

图 4.47 标签控件

标签控件的常用属性有"前景色""背景色""字体"和"字号"等。

【例 4.12】 创建名为"随机提问系统"标签窗体,如图 4.48 所示。

操作步骤:

① 创建窗体,进入窗体"设计视图"。

② 单击"控件"组中的"标签"控件,再到主体的适当位置单击,出现闪烁的矩形(或在窗体合适的位置拖拉出适当大小的矩形)。

③ 在矩形中输入"随机提问系统"。

④ 设置字体的大小和颜色。单击选中"标签"控件,单击工具组中的"属性"按钮打开属性窗口。在"属性"窗口中设置"字体"为"隶书","字号"为"20"。设置窗体属性,单击窗体选择器,分别将"导航按钮""记录选择器"和"分隔线"设置为"否"。

⑤ 将窗体以"随机提问系统"为名保存。

⑥ 单击"视图"下的"窗体视图",切换到窗体视图,如图 4.48 所示。

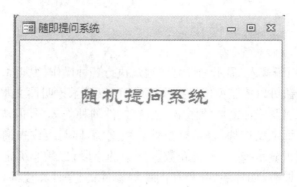

图 4.48　"随机提问系统"窗体

2. 文本框

文本框是一个交互式控件,既可以显示数据,也可以接收数据输入。文本框的类型有 3 种:

① 绑定型文本框,是将数据库中某个字段作为数据来源,在文本框中可以显示、输入或更新数据库中的字段。

② 非绑定型文本框,文本框控件没有数据来源。

③ 计算型文本框,将表达式作为数据来源。表达式由运算符、常量、字段名、控件名字和函数组成,用来输入数据和计算数据。计算型文本框显示的内容是计算表达式的值。

文本框的常用属性如下:

(1) 控件来源

如设置为表或查询中的一个字段,则为绑定型文本框段。如设置为计算表达式(表达式前要加等号"="),则是计算型文本框。非绑定型文本框控件,不需要指定控件来源。

(2) 输入掩码

设置数据输入格式。

(3) 默认值

设置文本框控件的初始值。

(4) 有效性规则和有效性文本

设置输入或更改数据时的合法性检查表达式以及违反有效性规则时的提示信息。

(5) 可用

指定文本框控件是否能够获得焦点(插入点光标)。

(6) 是否锁定

指定文本框中的内容是否允许更改。如果文本框被锁定,则其中的内容不允许被修改或删除。

【例 4.13】 创建"助学情况"浏览窗体,如图 4.49 所示,其中"助学人数"为计算型文本框(助学人数=班级人数×20.3%)。

操作步骤:

① 选择"班级"表,单击创建选项卡窗体组的"窗体"按钮,快速创建纵栏式窗体;

② 切换到设计视图,在窗体页脚处添加文本框控件,对应的标签内文字改为"助学人数";

③ 在文本框内输入计算公式"=班级人数 * 20.3/100";

④ 切换到窗体视图,可见图 4.49 所示窗体,单击导航按钮组中的"下一条"按钮,可以查看

其他班级相关信息。

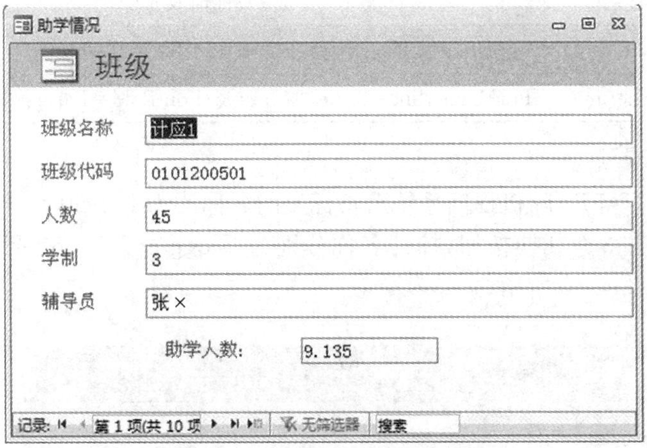

图 4.49　"助学情况"窗体

说明：图 4.49 窗体页脚处的文本框是计算型文本框，班级名称等属于与表中字段绑定的文本框。

提示：如要在设计窗体视图中创建绑定型文本框，可先将工具箱中"文本框"按钮拖入窗体，设置窗体的"数据源"属性为具体的表，然后在"控件来源"属性中选择要绑定的字段。

3. 复选框、切换按钮和选项按钮

复选框、切换按钮和选项按钮在功能上有很多相似之处，每个控件都有两种状态，因此常用于表示"是"与"否"（表 4.5）。

表 4.5　复选框、切换按钮和选项按钮

控件名称	图　标	说　　明
复选框		复选框表示形式为一方框，选中时方框中有一个"√"
切换按钮		切换按钮主要表示形式为凸起和凹下，用于"开"或"关"的选择
选项按钮		选项按钮又称为单选按钮，其表示形式为圆圈，选中时圆圈中有一个点

这些按钮选中时即取值为"是"时返回为 -1 值，当按钮取值为"否"时返回为 0 值。

3 种控件可以相互转换。只要在建立其中一种控件后单击右键，在出现的快捷菜单中选择"更改为"命令，就可将"复选框"转换为"切换按钮"或"选项按钮"。

【例 4.14】　设计"随机提问系统"窗体，用"切换按钮"实现对标签中的文字的加粗、倾斜、加下划线操作。加粗、倾斜、加下划线对应的属性如表 4.6 所示。

表 4.6　设置字体属性

格　式	属性名	属性值及其作用
加粗	FontBold	FontBold＝True，加粗；FontBold＝False 撤销加粗

续表

格式	属性名	属性值及其作用
倾斜	FontItalic	FontItalic＝True,倾斜;FontBold＝False 撤销倾斜
下划线	FontUnderline	FontUnderline＝True,加下划线;FontBold＝False 撤销下划线

操作步骤:

① 在设计视图下打开"随机提问系统",将标签的名称改为 Label0。

② 在主体节添加 3 个切换按钮,控件名称分别为"Toggle1""Toggle2""Toggle3",标题分别为"**B**""*I*""U",如图 4.50 所示。

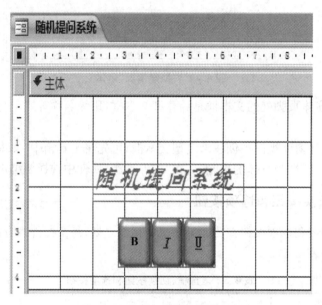

图 4.50　添加切换按钮后的窗体

③ 选择图 4.51 中的切换按钮"Toggle1",依次单击图 4.51 中的①、②,弹出选择生成器窗口,单击③、④,进入 VBA 代码窗口。

图 4.51

④ 输入"Toggle1"切换按钮的单击事件代码如下:

```
Private Sub Toggle1_Click()
If Me. Toggle1. Value = -1 Then
Me. Label0. FontBold = True
Else
Me. Label0. FontBold = False
End If
End Sub
```

⑤ 使用类似的方法设置"Toggle2"切换按钮的单击事件和"Toggle3"切换按钮的单击事件。

"Toggle2"按钮代码如下:

```
Private Sub Toggle2_Click()
If Me. Toggle2. Value = -1 Then
Me. Label0. FontItalic = True
Else
Me. Label0. FontItalic = False
End If
End Sub
```

"Toggle3"按钮代码如下:

```
Private Sub Toggle3_Click()
If Me. Toggle3. Value = -1 Then
Me. Label0. FontUnderline = True
Else
Me. Label0. FontUnderline = False
End If
End Sub
```

⑥ 切换到窗体视图,单击按钮实现或取消对窗体上标签中文字的加粗、倾斜、加下划线操作。

4. 选项组

选项组是一个容器控件,在其中可以包含选项按钮、切换按钮或命令按钮中的任一项。选项组控件本身不能用来操作数据,其作用是将若干具有相同性质的选项按钮、复选框或切换按钮绑定在一起,构成一组选项以供操作。在选项组中每次只能选择一个选项。

选项组作为一个组,它的值只有一个:"空"(即一个选项也未选)或一个整数。

如果在创建选项组之前开启了控件向导,就会弹出一个向导引导用户完成这个相对复杂的操作过程。

【例 4.15】　创建"设置颜色"选项组。其功能为根据对不同的单选按钮进行选择,改变窗体主体的颜色,如图 4.52 所示。

相关知识:本例改变窗体颜色以及主体背景颜色属性值,颜色函数值如表 4.7 所示。

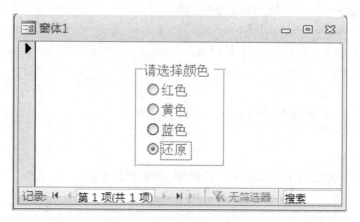

图 4.52　可改变主体颜色窗体

表 4.7　颜色及其函数值

颜色	RGB 函数
红色	RGB(255,0,0)
黄色	RGB(255,255,0)
蓝色	RGB(0,0,255)
还原	RGB(255,255,255)

操作步骤：

① 单击"创建"选项卡，选择窗体组的"窗体设计"，进入设计视图，选中"向导"按钮。

② 选择控件组的"选项组"控件，将其拖动到窗体上弹出的"选项组向导"对话框上，如图 4.53 所示。

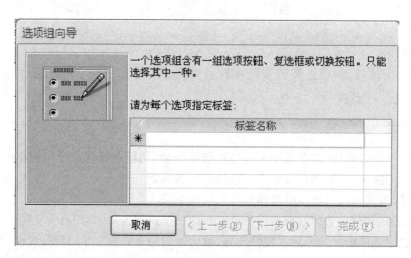

图 4.53　"选项组向导"对话框

③ 在弹出的"选项组向导"对话框中为每一个选项指定标签："红色""黄色""蓝色"还是"还原"，单击下一步。出现"设置默认值"对话框（图 4.54）。

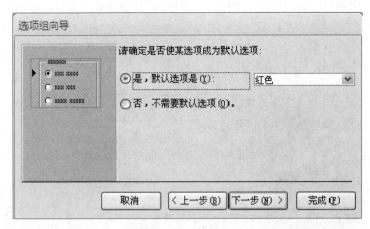

图 4.54　设置默认值

④ 设置默认值。在选项组向导中选择"否,不需要默认选项",单击"下一步"按钮,出现"请为每个选项赋值"对话框(图 4.55)。

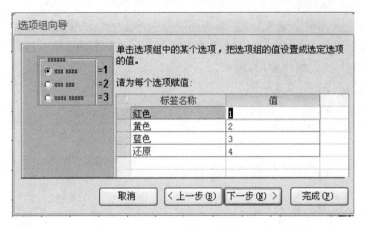

图 4.55　为选项赋值

⑤ 如图 4.56 所示,在该对话框中分别为"红色""黄色""蓝色"和"还原"赋"1""2""3""4"值。单击"下一步"按钮,出现"选择控件类型"对话框(图 4.56)。

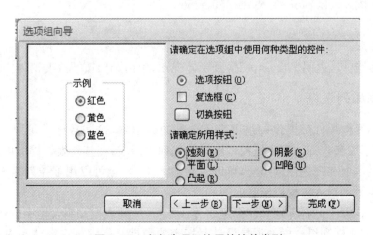

图 4.56　确定选项组使用的控件类型

⑥ 在该对话框中有 3 种可供选择的按钮,这里选"单选按钮",单击"下一步"按钮,出现"请为选项组指定标题"对话框(图 4.57)。

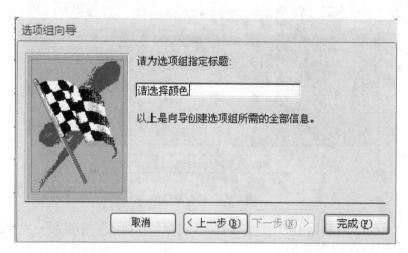

图 4.57 指定标题

⑦ 在指定标题文本框中输入标题"请选择颜色",单击"完成"按钮。

⑧ 返回到设计视图,选中选项组,修改名称为"Frame0",打开属性表窗口,在"事件"选项卡中单击属性并进入代码编程窗口,输入以下程序:

```
Private Sub Frame0_Click()
Dim i As Integer
i = Me. Frame0. Value
If i = 1 Then
Me. 主体. BackColor = RGB(255, 0, 0)
ElseIf i = 2 Then
Me. 主体. BackColor = RGB(255, 255, 0)
ElseIf i = 3 Then
Me. 主体. BackColor = RGB(0, 0, 255)
ElseIf i = 4 Then
Me. 主体. BackColor = RGB(255, 255, 255)
End If
End Sub
```

⑨ 关闭代码窗口,返回 Access,切换到窗体视图,单击选项按钮改变窗体主体的背景颜色。

5. 组合框和列表框

组合框和列表框控件都提供一组可直接选择的数据项,这些数据项可以在设计时自行输入,也可以来源于表和查询。列表框控件由标签和列表组成,在其列表处提供可供选择的选项。组合框类似于文本框和列表框的组合,可以直接输入文本,也可以用下拉列表选择可选项。应用两者可以避免手动输入数据以节省时间和减少错误。

列表框和组合框控件有绑定和非绑定之分,绑定是指列表框和组合框中的选项来自于表或查询;非绑定型列表框和组合框选项是设计时指定的数据。列表框在窗体中占用的面积稍大,如果没有足够的显示面积,系统会自动出现滚动条,供查看列表选项。组合框的特点是占用窗体面积小,应用较灵活。

列表框和组合框的常用属性如下:

(1) 控件来源

与控件建立关联的表或查询中的字段。

(2) 行来源类型、行来源

行来源类型有“表/查询”“值列表”“字段列表”3 种。行来源类型为“表/查询”时,在行来源中要指定一个表或查询中的字段;行来源类型为“值列表”时,在行来源中要输入一组取值,各数据之间用分号隔开;行来源类型为“字段列表”的,在行来源中要指定一个表或查询,它将字段名作为数据项。

(3) 绑定列

在多列的列表框和组合框中指定将哪一列的值作为来源。

(4) 限于列表

若为“是”,则在文本框中输入的数据只有与列表中的某个选项相符时,Access 才接受该输入值。

【例 4.16】 利用向导在窗体中创建绑定型列表框来显示“课程”表中的字段“课程名称”之值。

操作步骤:

① 创建窗体,进入窗体设计视图。

② 单击控件组的列表框控件拖到设计窗体上,出现“列表框向导”对话框,如图 4.58 所示。选择“使用列表框获取其它表或查询中的值”。单击“下一步”按钮,出现选择列表框数据源对话框。

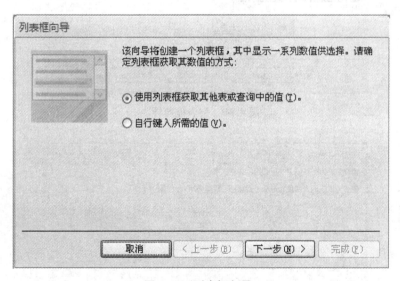

图 4.58 列表框向导 1

③ 在图 4.59 所示界面的“视图”选项组中选择“表”,并在上方的列表中选择“课程”表,单击“下一步”按钮。

④ 在图 4.60 所示界面,将“可用字段”列表框中“课程名称”添加到选定字段列表框,单击“下一步”按钮。

⑤ 出现"排序次序"对话框(图 4.61),单击"下一步"按钮。

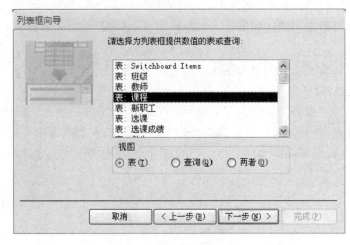

图 4.59   列表框向导 2

图 4.60   列表框向导 3

图 4.61   列表框向导 4

⑥ 在"指定列表框中列的宽度"对话框(图4.62)中,列出了列表框"课程名称"的列表值,可双击标题的右边缘获取合适的宽度,或拖曳右边缘调整列宽,单击"下一步"按钮。

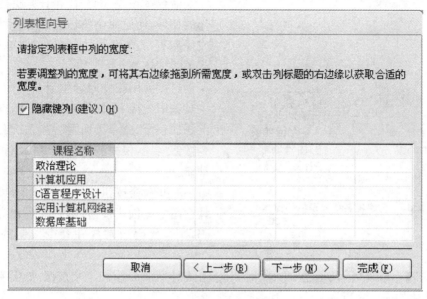

图 4.62 列表框向导 5

⑦ 出现"请为列表框指定标签"对话框(图4.63),在其中输入列表框标签,单击"完成"按钮完成设置。

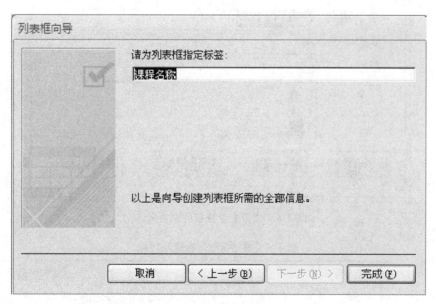

图 4.63 列表框向导 6

⑧ 切换到窗体视图,如图4.64所示。

创建非绑定列表框或组合框的步骤与之基本相同,不同之处是在第②步需要选"自行键入所需的值"按钮,单击"下一步"按钮,再输入可供选择的数据。

组合框的创建与此类似。

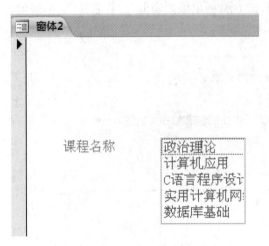

图 4.64　含课程名称列表框的窗体

6. 命令按钮

命令按钮是窗体中用于实现某种功能操作的控件,使用命令按钮可以执行特定的操作或控制程序流程,例如,查询、浏览记录、打开或关闭窗体等。

可以使用控件向导生成一个命令按钮,在工具箱中先按下"控件向导"按钮,然后在窗体上添加一个"命令按钮"控件,系统自动启动命令按钮向导,根据需要为命令按钮指定不同的动作。

有些命令按钮功能比较复杂,可在窗体设计视图中先创建按钮,然后编写相应的操作代码,操作代码通常放在命令按钮的"单击"事件中。

【例 4.17】 修改例 4.8 创建的"学生"窗体,在窗体页脚处添加 4 个按钮,如图 4.65 所示。各按钮的功能如表 4.8 所示。

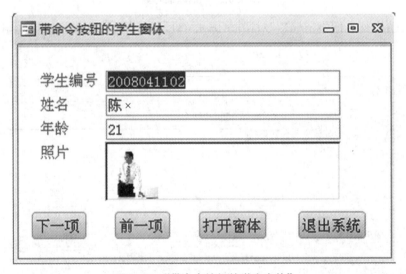

图 4.65　"带命令按钮的学生窗体"

表 4.8　按钮名称与标题及功能

按钮名称	标　题	功　能
Cmd1	下一项	显示当前记录的下一条记录
Cmd2	前一项	显示当前记录的前一条记录
Cmd3	打开窗体	打开"教师"窗体
Cmd4	退出系统	退出 Access

操作步骤:

① 在设计视图下打开"学生"窗体,选择"使用控件向导"。

② 添加"下一项"按钮。

a. 在控件组中单击"按钮"控件,再单击窗体页脚,弹出"命令按钮向导"对话框,如图 4.66 所示,选择类别中的"记录导航"和"操作"中的"转至下一项记录",单击"下一步"按钮。

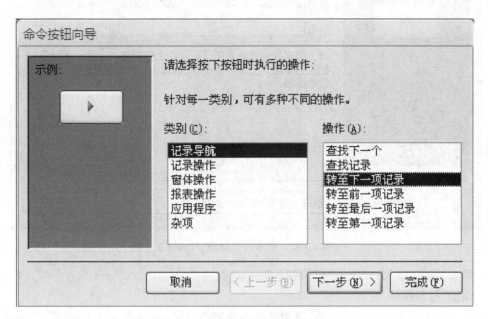

图 4.66 "命令按钮向导"对话框 1

b. 在图 4.67 所示界面中,选择"文本"单击"下一步"按钮。

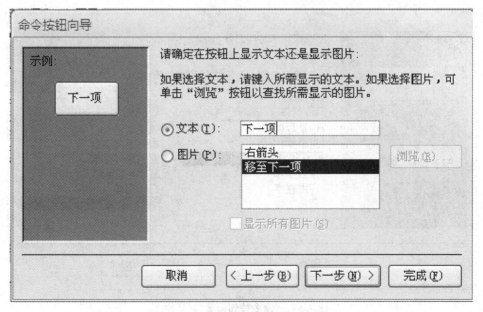

图 4.67 "命令按钮向导"对话框 2

c. 在图 4.68 所示界面,输入按钮的名字"Cmd1",并单击"完成"按钮。

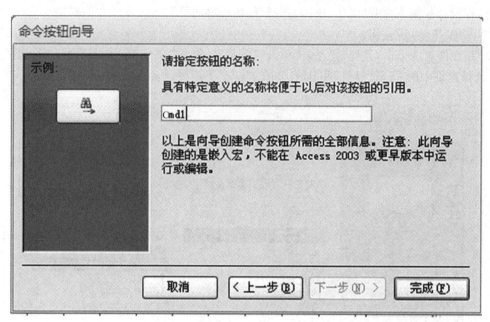

图 4.68 "命令按钮向导"对话框 3

③ 用类似的方法添加"上一项"按钮。

④ 添加"打开窗体"按钮。

a. 在控件组中单击"按钮"控件,再单击窗体页脚空白处,弹出命令按钮对话框 1,在类别中选择"窗体操作",在操作中选择"打开窗体",如图 4.69 所示,单击"下一步"按钮。

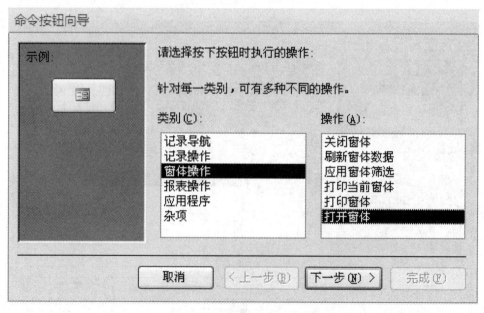

图 4.69 "命令按钮向导"对话框 4

b. 在命令按钮向导对话框 5(图 4.70),选中"教师"窗体,单击"下一步"按钮。

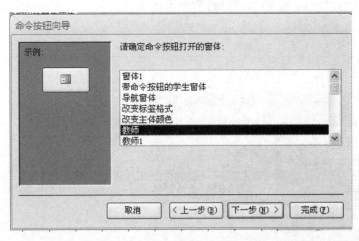

图 4.70 "命令按钮向导"对话框 5

c. 在命令按钮向导对话框 6(图 4.71),选择"打开窗体并显示所有记录",单击"下一步"按钮。

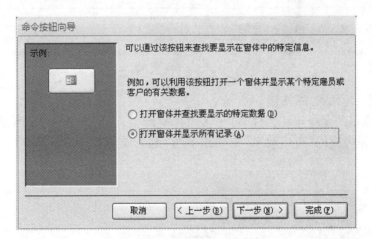

图 4.71 "命令按钮向导"对话框 6

d. 在命令按钮向导对话框 7(图 4.72),选择"文本",单击"下一步"按钮。

图 4.72 命令按钮向导对话框 7

e. 在命令按钮向导对话框 8(图 4.73)的文本框中输入按钮的名称"Cmd3"。单击"完成"按钮。

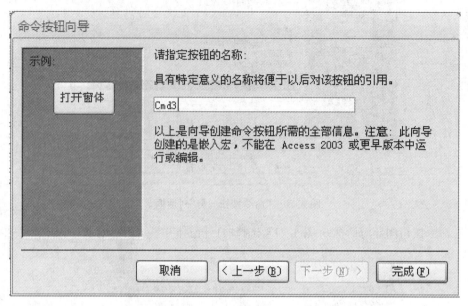

图 4.73　"命令按钮向导"对话框 8

⑤ 添加"退出应用程序"按钮。

a. 单击控件组的命令按钮控件,再单击窗体页脚空白处,在图 4.66 所示命令按钮向导对话框 1 中,选择类别的"应用程序"和操作中的"退出应用程序"(图 4.74),单击"下一步"按钮。

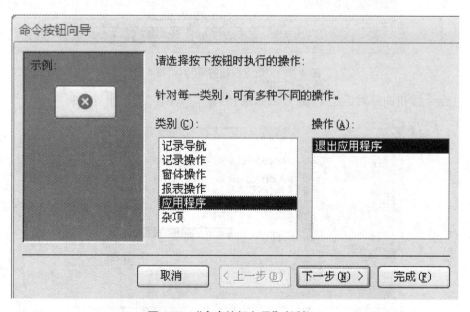

图 4.74　"命令按钮向导"对话框 9

b. 弹出命令按钮向导对话框 10(图 4.75),选中"文本",单击"下一步"按钮。

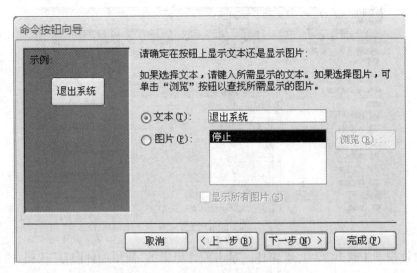

图 4.75　"命令按钮向导"对话框 10

c. 在命令按钮向导对话框 11 中(图 4.76)输入按钮的名称"Cmd4",并单击"完成"按钮。

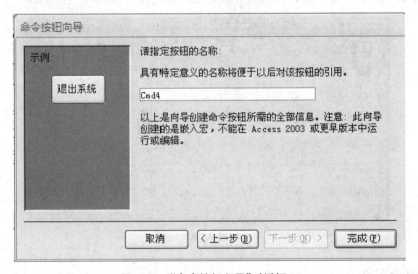

图 4.76　"命令按钮向导"对话框 11

⑥ 切换到窗体视图,运行情况如图 4.65 所示。

提示:如要引用窗体中控件,可使用如下的命令格式:

　　Forms!［窗体名称］!［控件名称］

7. 图像控件

图像控件用于向窗体、报表中添加图片,使窗体或报表更美观。

图像控件的常用属性有图片、类型、可见和大小等。

【例 4.18】　以"学生"表为数据源,创建多项目窗体,在窗体页眉上插入"青春"照片。

操作步骤:

① 依次单击图 4.77 中的①、②、③、④,保存为"学生 2"。

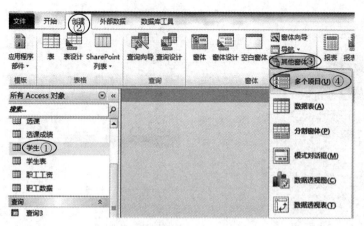

图 4.77

② 在设计视图中打开"学生 2"窗体。单击控件组中的"使用控件向导"按钮,使其处于向导状态。

③ 单击"图像按钮"图标,单击窗体页眉空白处,弹出"插入图片"对话框,选择要插入的图片"青春",单击"确定"按钮。所选择的图片就会出现在窗体中,如图 4.78 所示。

图 4.78

8. 选项卡控件

当窗体内容较多无法在一页内全部显示时,可以使用选项卡进行分页,如图 4.79 所示。

图 4.79   选项卡窗体示例

【例 4.19】 在窗体上添加选项卡控件。

操作步骤：

① 单击控件组中的"选项卡"控件按钮，在窗体主体空白处单击。

② 对选项卡的每一页进行设计。

注意：选择选项卡控件与选择其中一页的区别如图 4.80 所示。

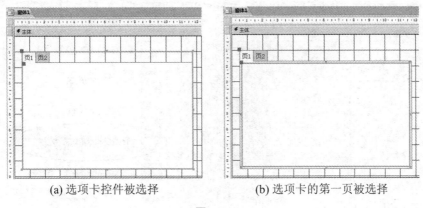

(a) 选项卡控件被选择　　　　　　　　(b) 选项卡的第一页被选择

图 4.80

综合实例可见视频 4.5。

4.3.5　设计系统控制窗体

系统控制窗体是将已经建立的数据库对象集成在一起，为用户提供选择数据库应用系统功能的操作控制界面。Access系统控制窗体包括导航窗体和切换窗体两类。此处介绍导航窗体的创建（视频 4.6）。

视频 4.5　综合实例

1. 创建导航窗体

视频 4.6　定制系统
控制窗体

导航窗体是 Access 2010 提供的系统控制窗体。在导航窗体中，可选择导航按钮布局，也可在布局上直接选择导航按钮，通过这些按钮将已经建立的数据库对象集成在一起形成数据库应用系统。使用导航窗体可以快速创建应用系统控制界面，更简单、更直观。

【例 4.20】 使用"导航"按钮创建"教务管理"系统控制窗体。系统各级菜单如图 4.81 所示。

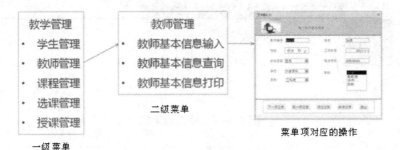

图 4.81　"教务管理"系统控制菜单结构

操作步骤一:

① 启动导航窗体设计器。依次单击图 4.82 中的①、②、③,进入导航窗体设计器。

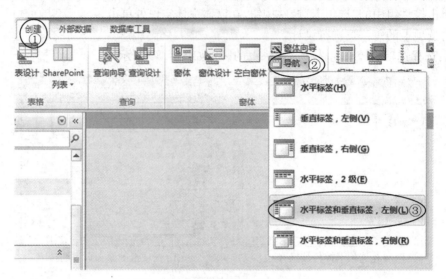

图 4.82　进入导航窗体设计器步骤

② 创建一级菜单。单击图 4.83 中的"新增",输入一级菜单项目名称,创建一级菜单。

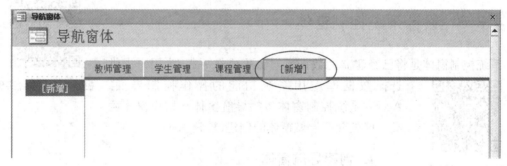

图 4.83　创建一级菜单

③ 创建二级菜单。依次单击图 4.84 中的①、②,进入二级功能,输入二级项目名称,创建"教师管理"的二级菜单。

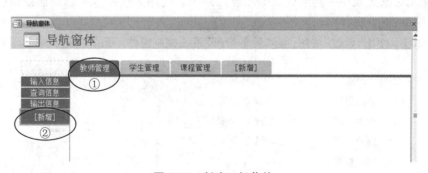

图 4.84　创建二级菜单

④ 创建二级菜单的"输入信息"项对应操作。单击图 4.85 中的①,再单击②、③、④,为"教师管理"菜单的"输入信息"添加打开"输入教师基本信息"窗体的功能。

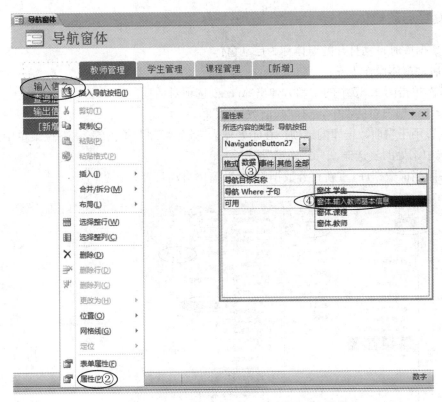

图 4.85　创建二级菜单的"输入信息"项对应操作

⑤ 切换到窗体视图,执行"教师管理"二级菜单中的"输入信息",运行结果如图 4.86 所示。

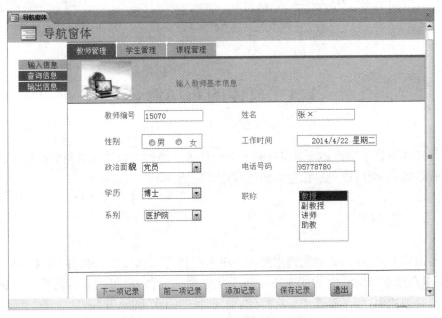

图 4.86　执行"教师管理"二级菜单中的"输入信息"结果

2. 设置启动窗体

打开数据库时自动打开的窗体称为启动窗体。

设置启动窗体操作步骤：

① 依次单击图 4.87 中的①、②，弹出 Access 选项对话框。

② Access 选项对话框中，选择"当前数据库"③。

③ 设置用于当前数据库的选项。在④处输入"教务管理"，单击⑤，从下拉菜单中选择导航窗体⑥，选中⑦处的复选框，单击"确定"按钮⑧。

④ 关闭当前数据库，重新打开数据库，导航窗体自动打开。

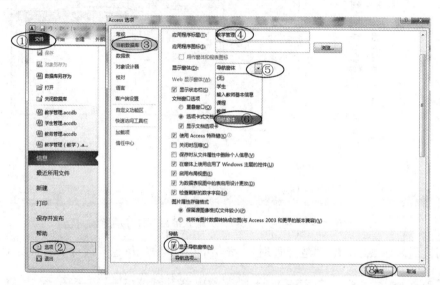

图 4.87　设置启动窗体步骤

4.4　窗体的布局修饰

要获得好的视觉效果就必须对窗体和各个控件进行调整。如修改对象的颜色、大小、字体、位置以及背景等，一般可以通过设置对象的属性来完成。

4.4.1　选中控件

要调整窗体上的控件，必须先选中控件。单击控件可以选中单一控件；如果同时要选择多个控件，可以在按下"Shift"键的同时单击各个要选择的控件，或可用鼠标拖动一方框，在其内的控件便同时被选中；如果要选中所有控件，则同时按"Ctrl"和"A"键。

4.4.2 调整控件的大小和位置

调整控件的大小和位置使用"窗体设计工具"中的"排列"选项卡的"调整大小和排序"组中的命令(图 4.88)。

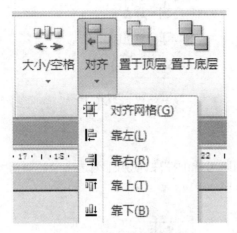

图 4.88 调整大小和排序组

1. 调整控件的大小

(1) 使用鼠标

选择控件,在选定对象的四周将出现 8 个小方块,其左上角为移动点,用于移动对象,其他的 7 个点可以改变大小。

(2) 使用菜单命令

多个控件调整到同一大小,使用"排列"选项卡的"调整大小和排序"组中的"大小/空格"菜单中的命令,如图 4.89 所示。

(3) 使用属性表对话框

打开属性表对话框,在格式选项卡的高度、宽度、左和上边距等输入框中输入所需的值。

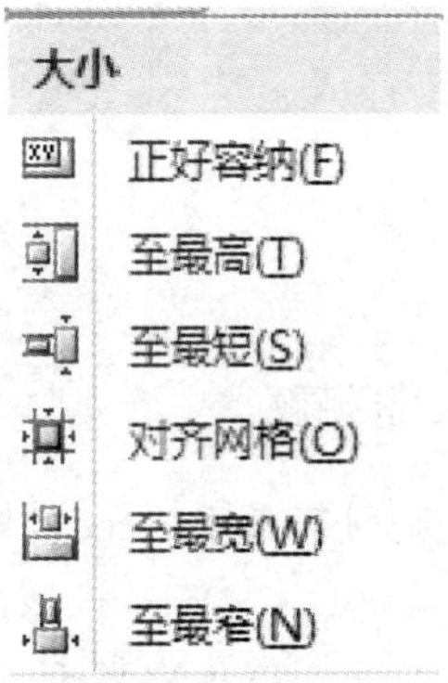

2. 移动控件的位置

选中控件之后,可以按住鼠标左键来移动控件。如果要分别移动控件及其附加标签,可用鼠标指针指向控件或其标签左上角的移动点拖动鼠标。

如果需要重叠几个控件,要将一个控件移到其他控件的上面或下面,则应选择该控件,从"格式"菜单中选择"置于顶层"或"置于底层"命令。

3. 对齐控件

在窗体中添加控件之后,一般需要对齐控件,使控件排

图 4.89 "大小/空格"菜单中的命令

列整齐。如要对齐几个控件时,先选中这些控件,然后使用 Access 中排列选项卡的调整大小和排序组中的"对齐"菜单(图 4.90)中的命令选项。

图 4.90 "对齐"菜单

4. 调整间距

调整多个控件之间的间距可选中控件,使用排列选项卡的调整大小和排序组中的"大小/空格"菜单中"间距"组的命令(图 4.91)。

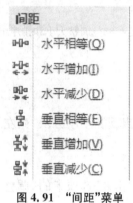

图 4.91 "间距"菜单

练 习 4

一、选择题

1. 下列不属于 Access 2010 的控件是(   )。

A. 按钮   B. 标签   C. 换行符   D. 文本框

2. 在一个窗体中显示多条记录的内容的窗体是(   )。

A. 空白窗体   B. 表格式窗体

C. 数据透视表窗体   D. 纵栏式窗体

3. 从外观上看与数据表和查询显示数据的界面相同的窗体是(   )。

A. 纵栏式窗体   B. 图表窗体

C. 数据表窗体　　　　　　　　　　　D. 表格式窗体

4. 主窗体和子窗体通常用于显示多个表或查询中的数据,这些表或查询中的数据一般应该具有(　　)关系。

A. 一对一　　　　B. 一对多　　　　C. 多对多　　　　D. 关联

5. 下列不属于 Access 窗体的视图是(　　)。

A. 设计视图　　　　　　　　　　　　B. 窗体视图

C. 版面视图　　　　　　　　　　　　D. 数据表视图

二、填空题

1. 窗体的数据来源可以是_____或_____。

2. 窗体属性对话框有 5 个选项卡:_____、_____、_____、_____和全部。

三、操作题

1. 以"教学管理"数据库中的"课程"表为数据源,使用"窗体"按钮快速创建"课程"窗体。

2. 以"教学管理"数据库中的"学生"表为数据源,使用"其他窗体"中的命令创建"学生"数据表窗体。

3. 使用"窗体向导"创建一个名称为"教师"的窗体。显示"教师编号""姓名""性别""学历""职称"。

4. 建立"学生""课程""选课成绩"3 个表之间的关系,使用"窗体向导"创建显示"学生编号""姓名""课程名称""考试成绩"的窗体。

5. 以"教师"表为数据源,创建按部门和职称分类的数据透视表。

6. 以"班级"为数据源,创建各辅导员管理的各班人数的数据的透视图窗体,如图 4.92 所示。

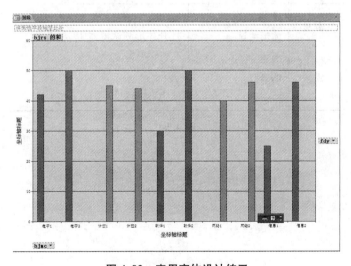

图 4.92　实用窗体设计练习

7. 创建体形测试窗体,当用户输入了"身高""体重"和"性别"后,单击"测试"按钮,系统会自动给出测试结果,界面如图 4.93 所示。

其中体重的上限与下限与身高和性别有关。

男性:上限＝(身高－100)×1.1;

　　　　下限＝(身高－100)×0.9。

女性:上限＝(身高－105)×1.1;

　　　　下限＝(身高－105)×0.9。

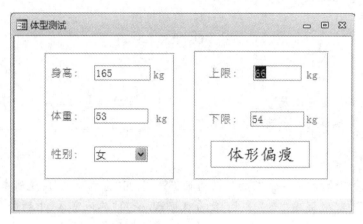

图 4.93

8. 设计导航窗体,其中的一级项目和二级项目如图 4.94 所示。

一级项目	二级项目	事　件
学习	听课	
	实践	
	创新	
健身	游泳	
	体形测试	打开体形测试窗体
娱乐	看电影	
	听音乐	
	玩游戏	

图 4.94

第 5 章 报　　表

报表是数据库的对象。利用报表可以将数据库中的数据以格式化的形式显示和打印输出（视频 5.1）。本章介绍报表创建和使用方法。

5.1　报表的概念

视频 5.1　报表基本概念

报表是一种特殊窗体,数据源可以是查询、表或新创建的 SQL 语句,窗体与报表之间的共同点是能显示数据,两者本质区别在于:前者最终显示在屏幕上,并且可以与用户进行信息交流,而后者没有信息交互功能,但可以将结果打印出来。

5.5.1　报表概念

1. 报表主要功能

① 以格式化形式输出数据;

② 对数据进行统计、分组、汇总;

③ 输出包含子报表及图表数据;

④ 输出标签、发票、订单等多种样式报表;

⑤ 嵌入图像或图片来丰富数据显示。

如果要打印大量的数据或者在对打印的格式要求比较多的时候,就必须使用报表的形式,图 5.1 所示为报表示例。

2. 报表的视图

报表视图有 4 种:用于创建和编辑报表的设计视图、用于查看报表页面数据输出形态的打印预览、用于查看报表的版面设置的版面预览和布局预览,如图 5.2 所示。

5.1.2　报表设计器

1. 报表设计器的区域

报表设计器默认 3 个区域,如图 5.3 所示。

IT设备采购成本分组查询

分公司	部门名称	设备	价格	数量	成本
湖北分公司	网络部门	PC	5000	9	45000
		扫描仪	3000	1	3000
		打印机	2000	1	2000
	人力资源部	投影机	3000	1	3000
		打印机	2000	1	2000
	采购部	PC	5000	8	40000
		传真机	1000	1	1000
				总成本:	96000
北京分公司	网络部门	PC	5000	5	25000
		扫描仪	3000	1	3000
		打印机	2000	1	2000
	人力资源部	投影机	3000	1	3000
		打印机	1000	1	1000
	采购部	PC	5000	4	20000
		传真机	1000	1	1000
				总成本:	55000

图 5.1　报表示例

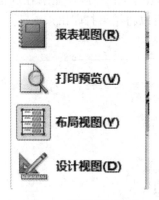

图 5.2　报表视图菜单

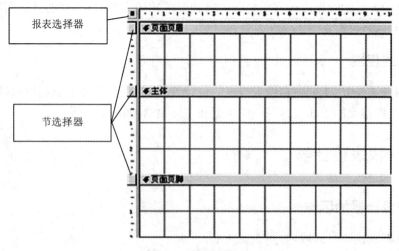

图 5.3　报表设计器

通过视图菜单下的"报表页眉/页脚"命令,可添加到 5 个区域(图 5.4)。

图 5.4 报表设计器的 5 个区域(节)

报表设计区与窗体设计区一样共 5 个区域,如图 5.4 所示,但是报表可以对 .....站进行分组,若按某个字段进行了分组,会增加组页眉和组页脚,区域数量达到 7 个。

(1) 报表页眉

报表页眉出现在报表的顶端,并且只能在报表的开头出现一次,用来记录关于此报表的一些主体性信息,即该报表的标题。

(2) 页面页眉

显示报表中各列数据的标题,报表的每一页有一个页面页眉。

(3) 主体

它是报表显示数据的主要区域,用来显示报表的基础表或查询的每一条记录的详细内容。其字段必须通过文本框或者其他控件绑定显示。

(4) 页面页脚

出现在报表每一面的底部,通过文本框和其他类型的控件,显示页码或本页的汇总说明。报表的每一页有一个页面页脚。

(5) 报表页脚

显示整份报表的汇总说明,每个报表对象只有一个报表页脚。

(6) 组页眉和组页脚

如果对报表的记录进行了分组,报表还可以包括组页眉和组页脚(图 5.5)。

2. 各区域功能

报表设计器各区域功能如表 5.1 所示。

图 5.5　教师信息报表按政治面貌分组后

表 5.1　报表设计器各区域的功能

名　称	功　能	说　明	备　注
报表页眉	在报表开始处显示报表标题	一个报表显示一次	
页面页眉	在每页的上方显示	每页显示一次	
组页眉	显示分组字段数据	每一组显示一次	
主体	打印表或查询中的记录	每条记录	最重要区域
组页脚	显示分组字段数据	每一组显示一次	
页面页脚	打印在每页的底部	每页显示一次	
报表页脚	在报表的结束处显示汇总信息或说明信息	一个报表显示一次	

5.2　建　立　报　表

建立报表的通常做法是根据基础表和查询,利用自动报表和报表向导创建报表的基本框架,然后根据实际情况在报表设计视图中进行修改(视频 5.2)。

创建报表有 5 种方法:自动创建报表、使用向导创建报表、使用"设计视图""空报表"和"标签",如图 5.6 所示。

视频 5.2　创建报表

图 5.6 建立报表工具

5.2.1 用报表工具创建报表

使用报表工具自动创建报表最为简单。设计时先选择表或查询作为报表的数据来源,然后选择"报表"工具,再根据需要进行修改。

【例 5.1】 使用"报表"工具,创建"教师报表"。

操作步骤:

① 依次单击图 5.7 中的①、②、③,快速创建报表;

② 以"教师报表"为文件名保存报表对象;

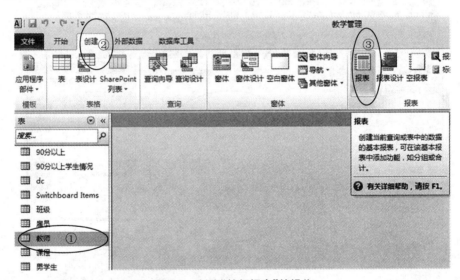

图 5.7 创建"教师报表"的操作

③ 切换到报表视图,打开"教师报表",如图 5.8 所示。

5.2.2 使用"空报表"工具创建报表

空报表提供空白报表,用户根据需要从数据源中选择字段放置到报表中。

【例 5.2】 以"教师"表为数据源,创建"教师职称"报表,显示"教师编号""姓名""职称"字段。

操作步骤:

① 依次单击图 5.9 中的①、②,打开空报表布局视图③,同时弹出字段列表框④;

图 5.8　报表视图下的"教师报表"

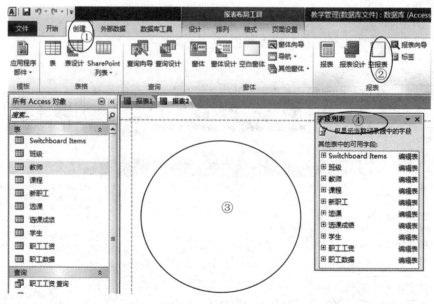

图 5.9　报表布局视图

② 单击字段列表框④中教师表左边的"＋",展开"教师"表,出现字段列表,如图 5.10 所示;

③ 依次双击"教师编号""姓名""职称"字段,这些字段按照从左到右的次序被放置到空报表中;

④ 切换到报表视图,可见如图 5.11 所示的用空白报表创建的报表。

5.2.3　使用"报表向导"创建报表

利用"报表"工具创建的报表格式比较单一,包含数据源的所有字段,并且没有图形等修饰。它的格式在创建报表的过程中是无法设定的。若想选择字段和格式设计出符合实际需要的报表,可以使用报表向导创建报表。

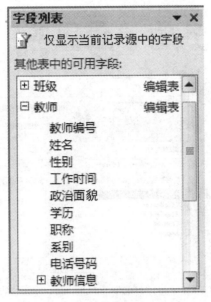

图 5.10 展开"教师"表显示字段

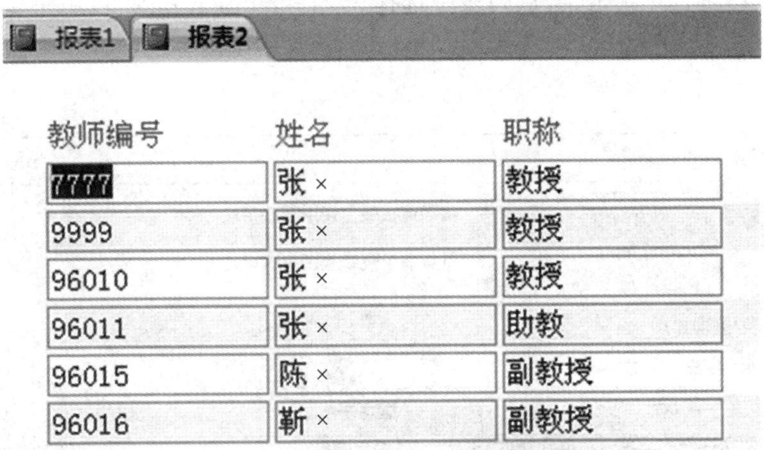

图 5.11 用空白报表创建的"教师报表"

使用"报表向导"方式可以基于一个或多个表或查询创建报表,如果是基于多个表,就必须建立对应表的关联。报表向导提供了报表的基本布局,根据不同需要可以进一步对报表进行修改。利用"报表向导"可以使报表创建变得更加容易。

使用报表向导创建报表类似于使用向导创建窗体。

【例 5.3】 使用报表向导创建"学生成绩"报表,显示"学生编号""姓名""课程名称""成绩"字段,并按成绩降序排序。

操作步骤:

在创建多表报表前,先建立"学生""课程""选课"三表之间的关系。

① 依次单击图 5.12 中的①、②,弹出报表向导③。

② 确定报表上使用的字段。

图 5.12　报表向导 1——打开"报表向导"

a. 在图 5.13 界面中单击④,从列表中选择"学生"表⑤,下方的"可用字段"中列出了"学生"表的全部字段,选择其中的"学生编号",单击⑥,添加到选定字段,选择"姓名",单击⑥,添加到选定字段。

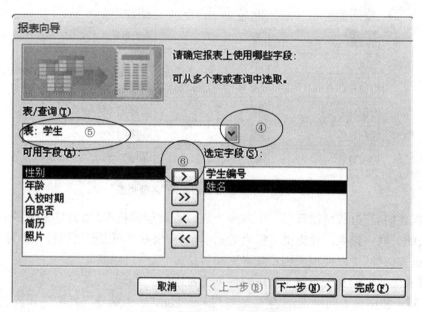

图 5.13　报表向导 2——添加字段

b. 用步骤 a 同样的方法选择"课程"表,添加"课程名称"字段。

c. 用步骤 a 同样的方法选择"选课"表,添加"分数"字段,如图 5.14 所示,单击"下一步"按钮。

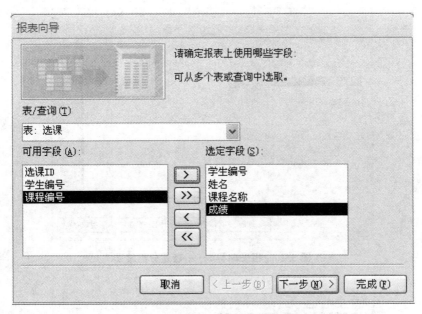

图 5.14 报表向导 3——确定字段

③ 确定查看数据的方式,使用图 5.15 所示的默认方式,单击"下一步"按钮。

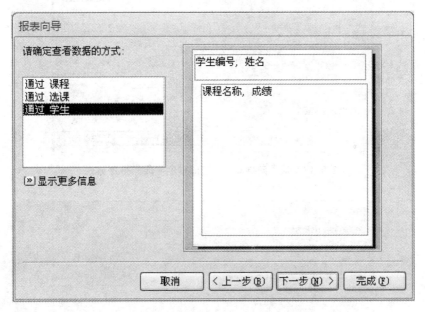

图 5.15 报表向导 4——确定查看数据方式

④ 确定是否添加分组级别(图 5.16),直接单击"下一步"按钮。

⑤ 确定排序和汇总信息。选择排序关键字"成绩",单击其右侧的"升序"按钮,使之变成"降序",如图 5.17 所示,单击"下一步"按钮。

⑥ 确定报表布局方式。使用默认设置(图 5.18),单击"下一步"按钮。

⑦ 为报表指定标题,输入标题"学生成绩"(图 5.19),单击"完成"按钮,进入报表视图,如图 5.20 所示。

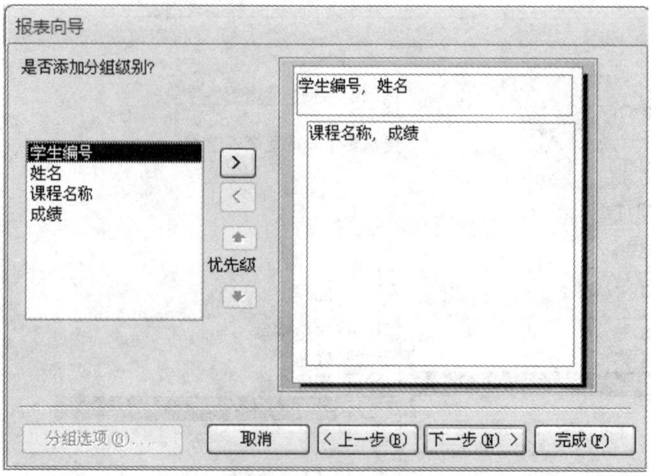

图 5.16   报表向导 5——确定分组级别

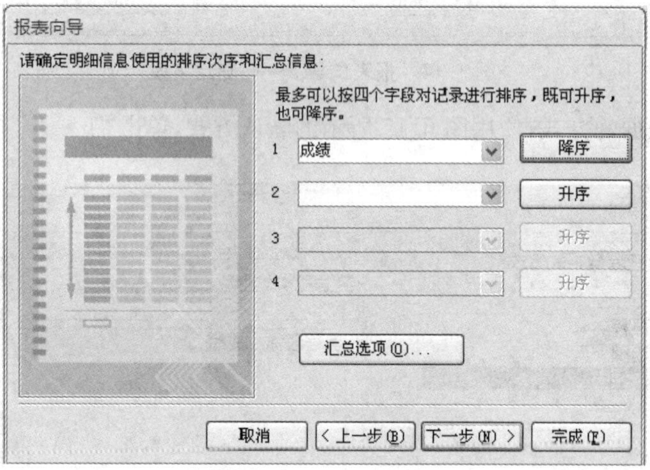

图 5.17   报表向导 6——选择排序字段与排序方式

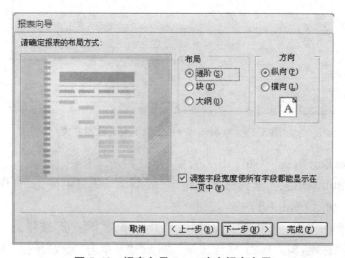

图 5.18   报表向导 7——确定报表布局

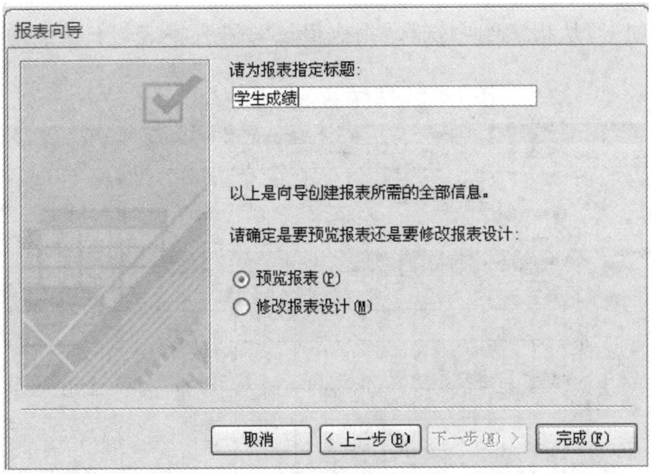

图 5.19 报表向导 8——指定报表标题

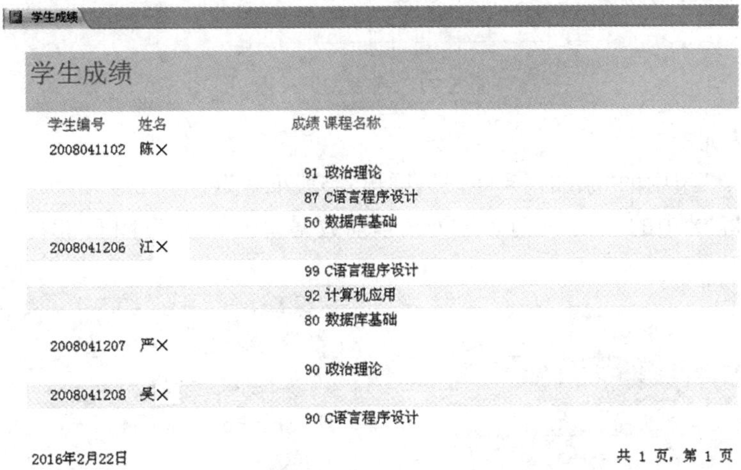

图 5.20 "学生成绩"报表

5.2.4 使用报表设计器创建报表

有些报表是无法通过报表向导来创建的,必须使用报表设计视图来完成。使用报表设计器可以创建报表,也可以修改由向导等创建的报表。使用报表设计器的关键是各种不同的对象位置要放置正确。

创建报表的操作步骤:

① 创建一个新报表或打开一个报表,进入设计视图;

② 添加数据源;

③ 添加控件;

④ 设置控件的属性。

【例 5.4】 使用设计视图创建"学生成绩"报表,显示"学生编号""姓名""课程名称""成绩"。

操作步骤：

① 单击创建选项卡，从报表组中选择"报表设计"，进入报表设计视图，出现报表设计工具，如图 5.21 所示。

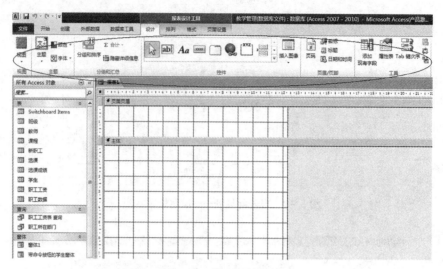

图 5.21　报表设计视图

② 添加报表元素。

a. 单击"工具"组中的"添加现有字段"，弹出"字段列表"（图 5.22）。

b. 单击图 5.22 中的"显示所有表"，列出当前数据库中所有表（图 5.23）。

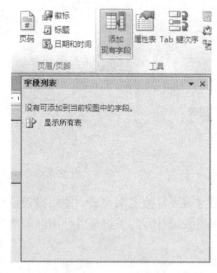

图 5.22　字段列表

图 5.23　显示所有表

c. 单击"学生"表左侧的"＋"，展开"学生"表，列出"学生"表所有字段（图 5.24）。

d. 在页面页眉添加标签控件，输入"学生信息"内容，将"学生编号""姓名""性别""年龄"字段拖放到主体节，如图 5.25 所示。

③ 调整区域大小。鼠标指向主体节下边沿，变形为双向箭头时，拖动鼠标，调整主体节大小，如图 5.26 所示。

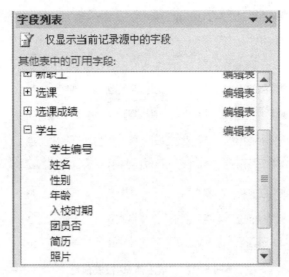

图 5.24 学生表字段

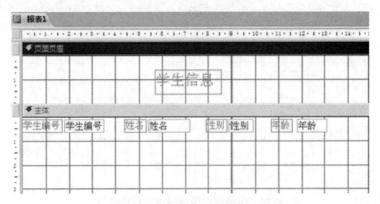

图 5.25 添加窗体页眉和字段后

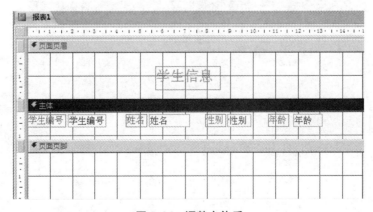

图 5.26 调整主体后

④ 保存报表"学生信息",切换到报表预览视图(图 5.27)所示。

说明:利用剪切、粘贴操作,将"学生编号""姓名""性别""年龄"标签移到页面页眉处,如图 5.28 所示,报表更简洁(图 5.29)。

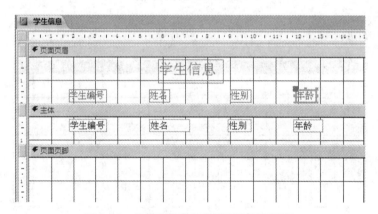

图 5.27   "学生信息"报表预览

图 5.28   将字段附带标签移到页面页眉处

图 5.29   调整后的"学生信息"报表

再次提醒大家:使用设计报表工具创建多表报表,需要先创建多个表的关系,依次将各表中的字段添加到主体节中。

5.3 编 辑 报 表

5.3.1 添加背景图案

【例 5.5】 给"学生信息"报表添加"学生"背景图案。

操作步骤:

① 在设计视图下打开"学生信息"报表。

② 在图 5.30 所示界面中,单击报表设计工具的"格式"选项卡①,单击"背景"组中"背景图像"②,从图像库中选择"学生"图片③(说明:如果图像库没有需要的图片,可以单击浏览④,打开"插入图片"对话框,选择图片)。结果如图 5.31 所示。

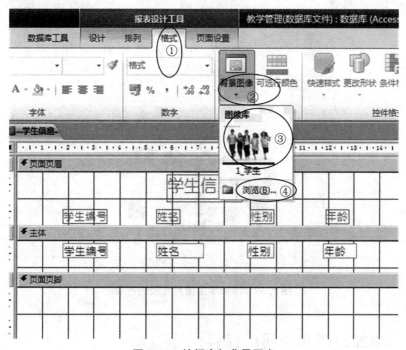

图 5.30 给报表加背景图案

③ 切换到报表视图,如图 5.32 所示。

图 5.31　添加"学生"图片背景后

图 5.32　添加学生图片背景的报表

5.3.2　添加日期和时间/页码

1. 添加日期和时间

① 在设计视图下打开报表;

② 单击报表设计工具的"设计"选项卡的"页眉/页脚"组的"日期和时间"/"页码"按钮,弹出"日期和时间"/"页码"对话框,如图 5.33 所示;

③ 选择"日期和时间"/"页码"格式,单击"确定"按钮。

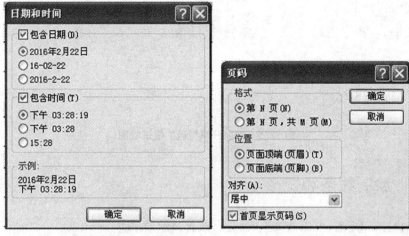

(a) "日期和事件" 对话框　　　　　　(b) "页码" 对话框

图 5.33

5.3.3 添加分页符

可以在报表某一节中使用分页控制符来标出需要另起一页的位置。

【例 5.6】 在"学生信息"报表的主体节添加分页符,使每页打印一条记录。

操作步骤:

① 打开"学生信息"报表的设计视图。

② 单击"控件"组中的"插入分页符"控件,在主体节下方单击,添加分页符,如图 5.34 所示。分页符以短虚线为标记放在报表的左边界上,"分页符"下方的内容将会另起一页。

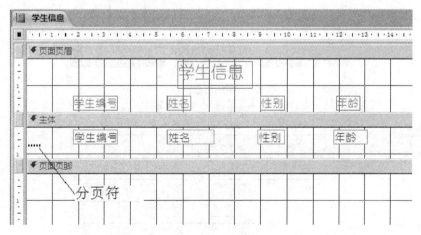

图 5.34　插入分页符

③ 切换到打印预览视图,可见每页显示一条记录,如图 5.35 所示。

图 5.35 添加分页符后的报表视图

5.3.4 绘制线条和矩形

通过绘制线条和矩形,可以修饰报表版面,改善显示效果。

绘制线条和矩形的操作步骤:

① 打开报表的设计视图;

② 单击控件组中的"线条"/"矩形",在报表需要添加线条或矩形的开头处单击,按住左键拖到结束处,如图 5.36 所示。

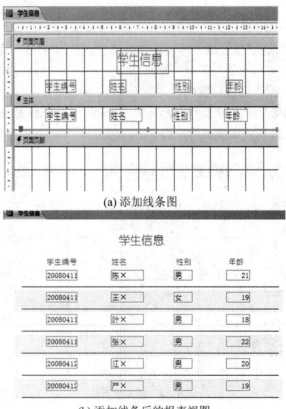

(a) 添加线条图

(b) 添加线条后的报表视图

图 5.36

5.3.5 使用节

报表设计默认 3 节,可以添加或删除节,也可以改变节的大小。每个节都有其特定的作用,它规定了报表在页面上的输出内容及其显示位置。

1. 改变节的大小

① 在设计视图中打开报表;
② 将鼠标指向节的底边(或右边)上,光标变形为双向箭头,按住左键上下拖动,改变节的高度;左右拖动,改变整个报表的宽度。

2. 添加或删除节

报表的"页面页眉/页脚"和"报表页眉/页脚"是可以添加或删除的。
① 在设计视图中打开报表。
② 右击报表设计器空白处,弹出快捷菜单,如图 5.37 所示。选择"页面页眉/页脚"("报表页眉/页脚"),可以添加或取消"页面页眉/页脚"("报表页眉/页脚")。

图 5.37 报表设计快捷菜单

5.4 报表排序和分组

数据记录排序缺省情况下,报表中的记录是按照自然顺序(即记录输入的顺序)排列的。通过排序和分组可以改变记录输出顺序(视频 5.2)。

视频 **5.2**　排序和分组

5.4.1　记录排序

在设计报表时,可以让报表中的输出数据按照指定的字段或字段表达式进行排序。

【**例 5.7**】　在"学生信息"报表中,按"年龄"大小升序排序输出。

操作步骤:

① 在设计视图中打开"学生信息"报表;

② 单击"分组和汇总"组中的"分组和排序"按钮①,设计器下方出现"添加排序"按钮②,如图 5.38 所示;

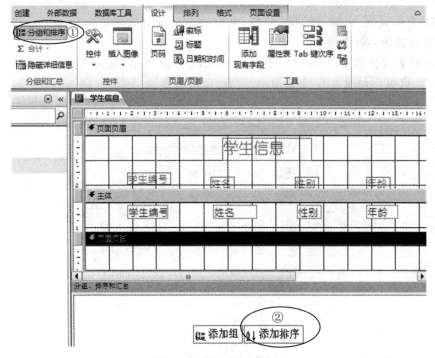

图 5.38　"添加排序"按钮

③ 单击"添加排序"按钮,弹出字段列表,如图 5.39 所示,从中选择"年龄"字段;

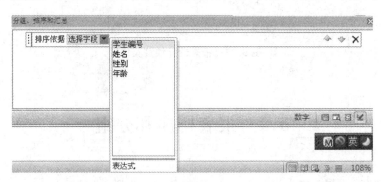

图 5.39

④ 切换到报表视图,可见排序输出结果(图 5.40)。

说明:单击"排序依据"右侧的"×"按钮,可以删除排序字段。

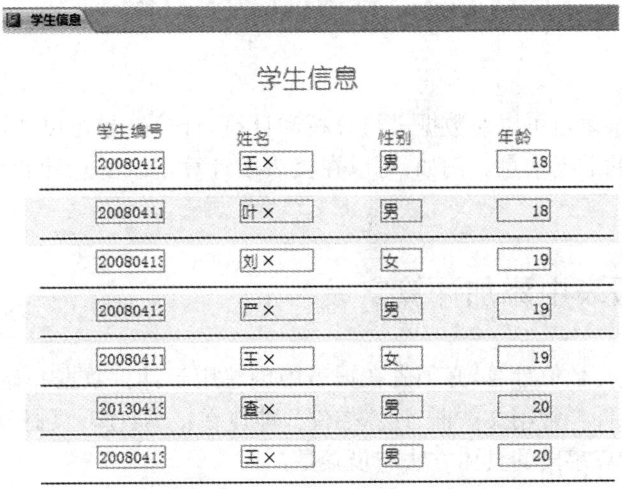

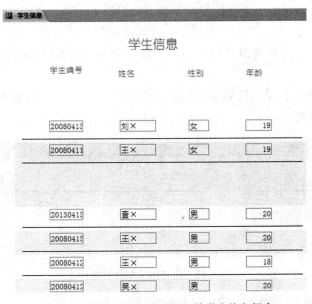

图 5.40 记录按年龄升序输出

5.4.2 记录分组

记录分组显示,用"添加组"实现。

【例 5.8】 在"学生信息"报表中,按"性别"分组输出。

操作步骤:同例 5.7,仅需将步骤③单击"添加排序"按钮,改为单击"添加组"按钮,并选择性别降序,分组后的报表如图 5.41 所示。

图 5.41 按性别分组排序显示的学生信息报表

5.5　使用计算控件

在实际应用中,报表还可以对数据进行分析和计算,计算结果可以通过文本框添加在报表对象中,以提供更多的数据信息。例如,可以在报表中计算记录的总计和平均数以及记录数据占总数的百分比等。

5.5.1　在报表中添加计算字段

要想在报表中进行数值计算,必须先在报表中创建用于计算数据并显示计算结果的控件,该类控件称为计算控件。常用文本框、计算控件只能放在报表页脚/页眉节或主体节。

在报表中添加计算字段的具体方法与步骤是:

① 打开报表的“设计视图”。

② 在设计视图中添加计算控件,如文本框。

③ 在文本框中直接输入以“=”开始的表达式。

④ 修改新控件的标签名称,然后单击“保存”按钮保存报表。

5.5.2　报表统计计算

1. 在主体节中添加计算控件——横向计算

【例 5.9】　创建“职工工资”报表,使用计算控件计算职工应发工资。

操作步骤:

① 创建新报表,进入报表设计视图,按照图 5.42 所示,添加“编号”“基本工资”“津贴”字段;

② 在报表设计器主体节右边添加文本框,框中输入计算公式“=［基本工资］+［津贴］”,将标签移至页面页眉节处;

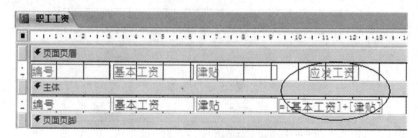

图 5.42　在主体节加计算控件

③ 切换到报表视图,计算控件显示计算结果(图 5.43)。

编号	基本工资	津贴	应发工资
002	3000	18000	21000
011	2000	15000	17000
012	1770	15000	16770
013	2170	15000	17170
014	2070	15000	17070
016	1170	15000	16170
017	1270	15000	16270
018	1470	15000	16470

图 5.43　包含计算控件的报表

2. 在"页眉页脚"节区内添加计算控件——纵向计算

【例 5.10】　根据"学生信息"表创建一个"学生年龄汇总"报表,并在报表中计算全体学生年龄的平均值。

操作步骤:

① 打开"学生信息"报表设计视图;

② 添加"报表页眉/页脚",在报表页脚中添加"文本框"控件;

③ 在文本框中输入计算公式"Avg([年龄])",修改新文本框控件的标签名称为"平均年龄",如图 5.44 所示。

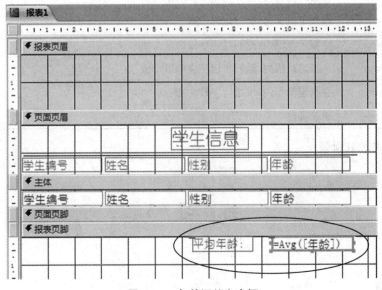

图 5.44　年龄汇总文本框

④ 保存报表并切换到报表视图,如图 5.45 所示。

学生信息

学生编号	姓名	性别	年龄
2008041102	陈×	男	21
2008041103	王×	女	19
2008041104	叶×	男	18
2008041105	张×	男	22
2008041206	江×	男	20
2008041207	严×	男	19
2008041208	吴×	男	20
2008041209	王×	男	18
2008041301	王×	男	20
2008041303	刘×	女	19
2013041303	查×	男	20

平均年龄： 19.6363636364

图 5.45　包含年龄汇总的报表

5.5.3　报表常用统计函数

在对报表中的数据进行汇总时，需要用到统计汇总函数，常用的统计汇总函数如表 5.2 所示。

表 5.2　常用的统计汇总函数

函数名称	功　　能
Avg	在指定范围内，计算指定字段的平均值
Count	在指定范围内，统计记录个数
Max	在指定范围内，返回指定字段的最大值
Min	在指定范围内，返回指定字段的最小值
Sum	在指定范围内，求指定字段的和
Date	当前日期

其他函数见附录。

练　习　5

一、选择题

1. 如果要显示的记录和字段较多，并且希望可以同时浏览多条记录及便于比较相同字段，则应创建（　　）类型的报表。

　　A. 纵栏式　　　　B. 标签式　　　　C. 表格式　　　　D. 图表式

2. 报表的作用不包括( )。

A. 分组数据   B. 汇总数据

C. 格式化数据   D. 输入数据

3. 报表的数据源来源不包括( )。

A. 表   B. 查询

C. SQL 语句   D. 窗体

4. 报表的功能是( )。

A. 数据输出   B. 数据输入

C. 数据修改   D. 数据比较

5. 以下叙述中正确的是( )。

A. 报表只能输入数据   B. 报表只能输出数据

C. 报表可以输入输出数据   D. 报表不能输入输出数据

6. 要设置在报表最后一页主体内容之后输出的信息,正确的设置是( )。

A. 报表页眉   B. 报表页脚

C. 页面页眉   D. 页面页脚

二、填空题

1. 报表设计器默认有三个区,分别是_____、_____、_____。

2. Access 2010 为报表操作提供了 4 种视图,分别是 _____、_____、_____、_____。

3. 报表输出不可缺少的内容是_____的内容。

4. Access 2010 的报表要实现排序和分组统计操作,应通过设置_____来进行。

三、操作题

1. 用报表工具创建"教师"报表。

2. 用报表向导创建"学生"报表,输出"学生编号""姓名""照片"。

3. 设计"课程"报表,每行用直线分割。

4. 以"教师"表为数据源,设计报表,按照职称分组显示"教师编号""姓名""性别""职称"。

5. 以"职工数据"表为数据源,设计报表,包含"姓名""性别""年龄"字段。其中"年龄"字段的值由出生日期计算得到,显示格式如图 5.46 所示。

职工数据			
姓名	性别	出生日期	年龄
杨×	女	1968-3-28	47
王×	男	1970-3-21	45
张×	男	1970-10-12	45
史×	男	1977-5-25	38
陈×	男	1972-6-19	43
汪×	男	1968-3-2	47
巴×	男	1964-7-24	51
鲍×	男	1954-10-25	61
查×	男	1977-6-11	38

图 5.46 "职工数据"表

6. 以"职工工资"表为数据源,设计工资报表,计算每位职工应发工资,汇总统计全体职工应发工资平均值(图 5.47)。

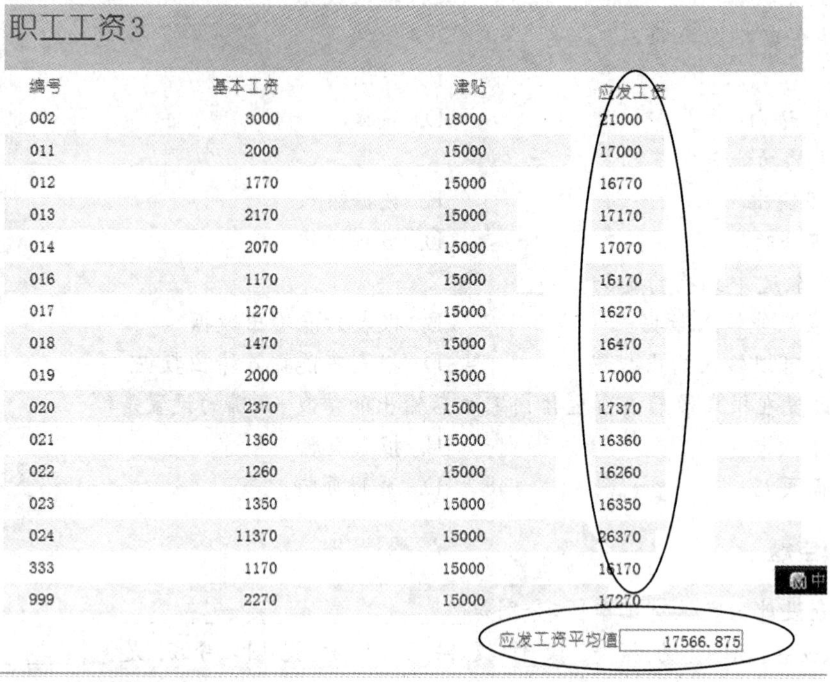

编号	基本工资	津贴	应发工资
002	3000	18000	21000
011	2000	15000	17000
012	1770	15000	16770
013	2170	15000	17170
014	2070	15000	17070
016	1170	15000	16170
017	1270	15000	16270
018	1470	15000	16470
019	2000	15000	17000
020	2370	15000	17370
021	1360	15000	16360
022	1260	15000	16260
023	1350	15000	16350
024	11370	15000	26370
333	1170	15000	16170
999	2270	15000	17270

应发工资平均值 17566.875

图 5.47 "职工工资"表

7. 创建"学生"报表,包括"学号""姓名""性别""年龄"等字段。按性别分组,统计男生平均年龄、女生平均年龄。

第6章 宏

宏操作,简称宏,是 Access 对象,是一种强大的工具。通过执行宏,Access 能够自动执行重复任务,用户可以更方便地操纵数据库系统(视频 6.1)。本章介绍宏的创建与使用。

6.1 宏 的 概 念

视频 6.1 认识宏

6.1.1 宏的基本概念

宏是操作的集合,其中每个操作能够实现特定的功能。通过执行宏,Access 能够有次序地自动执行一连串的操作,包括对各种数据、键盘或鼠标的操作。一般来说,在进行事务性或重复性的操作时需要使用宏。

6.1.2 宏的分类

宏分为以下 3 类:
① 操作序列宏;
② 宏组;
③ 条件操作宏。
其中,宏是操作的集合;宏组是宏的集合;条件宏是带条件的操作序列,只在条件成立时才执行。

6.1.3 设置宏操作

1. 基本宏操作

在 Access 中有一系列基本宏操作,每个操作都有自己的参数,可以进行设置。常用的宏操作有 8 类,如图 6.1 所示。展开每一类宏操作,显示此类中的所有项目,如图 6.2 所示。常用宏操作命令见附录 D。

2. 宏设计窗口

宏对象只能在宏设计窗口(图 6.3)中建立,可在设计窗口中添加宏操作,设置宏参数。

图 6.1　宏操作分类

图 6.2　数据库对象宏操作

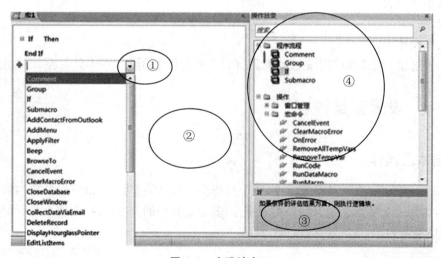

图 6.3　宏设计窗口

宏设计窗口的组成:

① 添加新操作区，单击下拉按钮，可显示出可供选择的宏操作命令；

② 宏操作编辑区；

③ 系统给出的宏操作帮助和提示信息；

④ 操作目录。

3. 宏设计窗口相关的工具

宏设计选项卡包含 3 组："工具"组、"折叠/展开"组、"显示/隐藏"组，各组相关的工具如图 6.4 所示。

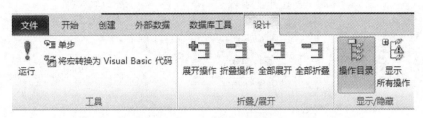

图 6.4　宏设计工具

6.2　创　建　宏

任何类型的宏，包括宏组和条件宏都是通过宏设计窗口创建和修改的。建立完宏后，可以选择多种方式来运行、调试(视频 6.2)。

6.2.1　创建操作序列宏

操作序列宏由一系列宏操作组成。创建操作序列宏的核心任务

视频 6.2　创建宏(上)

就是指定宏名、添加宏操作、设置各个宏操作所涉及的参数、提供注释说明信息等。

【例 6.1】　创建依次打开"教师"窗体、"学生信息"报表和消息框的宏。

操作步骤：

① 单击"创建"选项卡"宏与代码"组中的"宏"按钮，进入宏设计视图；

② 添加宏操作。

在宏设计窗口中添加宏操作有三种方法：一是单击图 6.3 中的①，从操作列表中选择宏操作，然后设置操作参数；二是直接将数据库对象施放到操作列中，系统将根据施放的对象自动设置相应参数；三是在操作目录窗口中将找到的宏操作拖动到宏操作框中，再设置参数。

a. 添加打开窗体操作 OpenForm，窗体名称参数选择"教师"；

b. 添加打开报表操作 OpenReport，报表名称参数选择"学生成绩"报表；

c. 添加消息框操作 MessageBox，输入消息"宏运行结束！"。

设计完成情况如图 6.5 所示。

通过展开或折叠按钮，可以展开或折叠宏操作，宏折叠后的对应情况如图 6.6 所示。

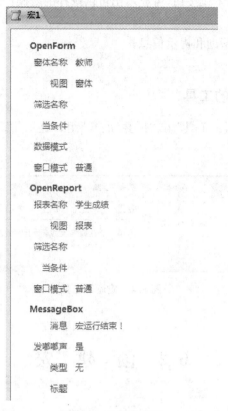

图 6.5　操作序列宏

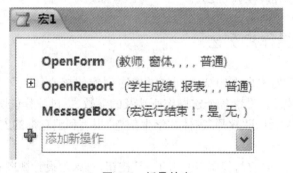

图 6.6　折叠的宏

6.2.2　创建宏组

在设计实际的信息管理系统时,可将宏中的相关操作分为一组,为该组指定一个有意义的名称,提高宏的可读性。宏组不会影响操作的执行方式,也不能单独调用执行。分组的目的是标记一组操作,帮助用户一目了然地了解宏的功能。宏组可以折叠为单行,增加阅读的方便性。

创建宏组操作步骤如下:

1. 如果要分组的操作不在宏中

操作步骤:

① 将 Group 块从操作目录拖到宏设计窗格中;

② 在生成的 Group 块顶部框中,键入宏组名称;

③ 将宏操作从操作目录拖动到 Group 块中,或是在该块中的"添加新操作"列表中选择操作。

2. 如果要分组的操作已经在宏中

操作步骤:

① 在宏设计器窗口中选择要分在一组的宏操作;

② 右击所选的操作,从弹出菜单中选择"生成宏组"项;

③ 在生成的 Group 块顶部框中,键入宏组名称。

【例 6.2】　将例 6.1 创建的宏 1 分组,将数据库对象操作分为"数据库对象"组,将用户界面命令分为"界面命令"组。

操作步骤:

① 在宏设计视图打开"宏 1",选择要进行分组的宏操作①;

② 右击所选的操作,在快捷菜单中单击"生成分组程序块"项②(图 6.7);

③ 在生成的 Group 块顶部框中,键入宏组名称"数据库对象"。

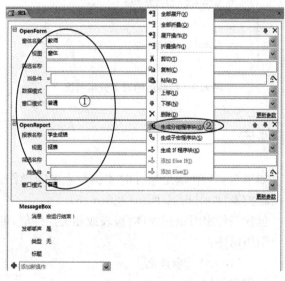

图 6.7　创建宏组

④ 右击 MassageBox 宏操作,从弹出菜单中选择"生成分组程序块",在生成的 Group 块顶部框中,键入宏组名称"界面命令",如图 6.8 所示。

单击宏组左边的"-"可以将宏组折叠为单行,如图 6.9 所示。

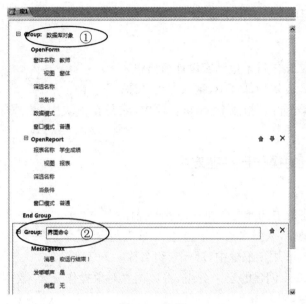

图 6.8　宏组

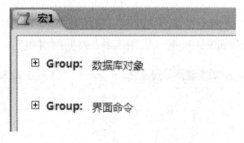

图 6.9　折叠后的宏 1 分组情况

6.2.3　创建条件宏

如果希望只在满足条件时才执行宏中的操作,可以使用 If 块进行程序流程控制,如图 6.10 所示(视频 6.3)。

创建条件宏时引用窗体、报表或相关控件值,可以使用如下格式:

引用窗体:

　　Forms![窗体名]

引用窗体属性:

　Forms![窗体名].属性

引用窗体控件:

　　Forms![窗体名]![控件名]

或

　　[Forms]![窗体名]![控件名]

引用控件属性:

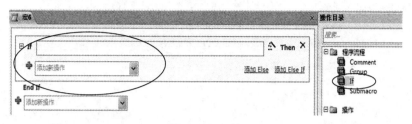

图 6.10 If 块

Forms! ［窗体名］! ［控件名］.属性

引用报表：

Reports! ［报表名］

引用报表属性：

Reports! ［报表名］.属性

引用报表控件：

Reports! ［报表名］! ［控件名］

或

［Reports］! ［窗体名］! ［控件名］

引用报表控件属性：

Reports! ［报表名］! ［控件名］.属性

【例 6.3】 条件宏创建与使用。

当前数据库中建有窗体"系统登录"，该窗体运行时，要求用户输入用户名和密码。创建判断用户输入是否正确的"验证"宏，其功能为：如果输入用户名"abc"，密码"123"，单击"确定"按钮，打开"教师"窗体。如果用户名或密码输入错误，单击"确定"按钮则会弹出消息对话框"用户名或密码错，请重新输入！"。"系统登录"窗体外观及控件名称如图 6.11 所示。

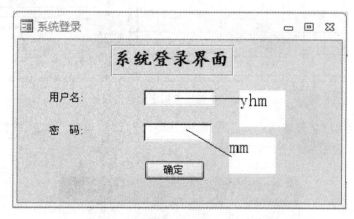

图 6.11 "系统登录"窗体界面及控件名称

操作步骤：

① 单击"创建"选项卡"宏与代码组"的"宏"，进入宏设计视图。

② 将"操作目录"窗口"程序流程"列表中的"If"拖到宏设计窗口的"增加新操作"处，生成 If 块，如图 6.10 所示。

③ 在 If 块中输入条件和操作，如图 6.12 所示。

④ 以"验证"为名保存宏。

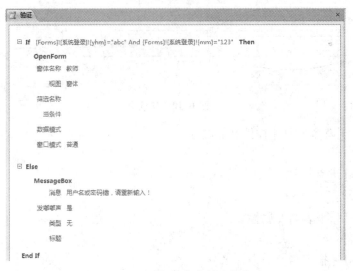

图 6.12　验证宏包含的宏操作

⑤ 将"验证"宏指定给"系统登录"窗体的"确定"按钮。在设计视图下打开窗体"系统登录",依次单击图 6.13 中①、②、③、④,将"验证"宏指定给"系统登录"窗体的"确定"按钮。

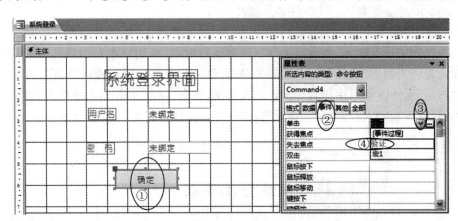

图 6.13　将验证宏指定给确定按钮

⑥ 运行窗体,用户名处输入"abc",在密码处输入"123",单击"确定"按钮,打开"教师"窗体,输入错误,弹出如图 6.14 所示的对话框。

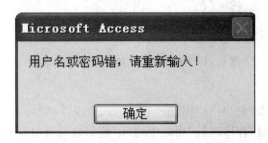

图 6.14　输入错误提示

6.2.4 设置宏参数

根据实际需求在宏操作下方设置宏操作的各操作参数,如图 6.15 所示。

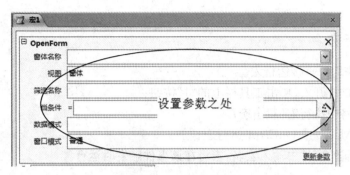

图 6.15 设置宏参数

常用参数设置方法 3 种:一是直接输入参数;二是单击参数对话框右侧的下拉按钮,从列表中选择参数;三是对数据库对象进行操作,将数据库对象直接拖到"添加新操作"处,会自动填入相关参数。

6.2.5 调试宏

操作步骤:

① 打开要调试的宏;

② 在图 6.16 所示界面中,单击"单步"按钮①,再单击"运行"按钮②,系统弹出"单步执行宏"对话框;

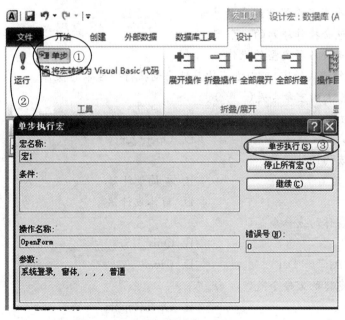

图 6.16 "单步"调试宏

③ 单击"单步执行"按钮③,执行其中操作。

单步执行过程中发现问题,修改问题。

6.2.6 运行宏

1. 直接运行宏

以下操作方法均可直接运行宏。

① 在设计窗口打开宏,单击工具栏上的"!"按钮;

② 在导航窗格中执行宏:双击宏;

③ 使用 RunMacro 或 OnError 运行宏;

④ 在对象的属性事件中输入宏名,宏将在该事件触发时运行。

2. 通过响应窗体、报表或控件的事件运行宏

将宏指定给窗体、报表或控件的某事件,当事件发生时运行宏。例 6.3 就是通过"系统登录"窗体中"确定"按钮的单击事件运行"验证"宏的。

练 习 6

一、选择题

1. 有关宏的基本概念,以下叙述错误的是(　　　)。

A. 宏是由一个或多个操作组成的集合

B. 宏可以是包含操作序列的一个宏

C. 可以为宏定义各种类型的操作

D. 由多个操作构成的宏,可以没有次序地自动执行一连串的操作

2. 用于打开报表的宏命令是(　　)。

A. OpenForm   B. OpenReport

C. OpenSQL   D. OpenQuery

3. 能够创建宏的设计器是(　　)。

A. 图表设计器   B. 查询设计器

C. 宏设计器   D. 窗体设计器

4. 用于关闭窗体的宏命令是(　　)。

A. Creat   B. Quit

C. "Ctrl"+"Alt"+"Del"   D. Close

5. 用于打开窗体的宏命令是(　　)。

A. OpenForm   B. OpenReport

C. OpenSQL   D. OpenQuery

二、填空题

1. 宏是由一个或多个_____组成的集合。

2. 宏是 Access 的一个对象,其主要功能是_____。

3. 宏只能在_____中创建。

4. 定义_____有利于数据库中宏对象的管理。

三、操作题

1. 创建名为"多任务"的宏,能完成以下操作:

(1) 打开"学生信息"窗体;

(2) 打开"教师信息"报表;

(3) 弹出消息框,框的标题是"信息发布",主题内容是"完成所有任务!"。

2. 运行"多任务"宏,查看结果。

3. 创建一个窗体,保存为"运行宏",该窗体只包含一个标签和一个命令按钮,标签文本是"使用命令按钮运行宏"。将"多任务"宏加载到窗体的命令按钮上,通过单击命令按钮运行"多任务"宏。

4. 设计系统登录程序。

(1) 设计如图 6.17 所示的"系统登录"窗体。

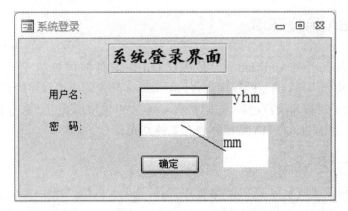

图 6.17

(2) 设计"条件登录"宏,如果用户在窗体"yhm"文本框中输入"stud"用户名,在"mm"文本框中输入"1111"密码,则打开"教学管理导航"窗体。若输入的用户名或密码错,弹出消息对话框,显示"用户名或密码错,重新输入!"消息。

(3) 通过"系统登录"窗体上的"确定"按钮触发宏。

(4) 运行"系统登录"窗体,输入不同的用户名和密码,观察运行结果。

第7章 VBA 编程基础

使用模块和宏可以将数据库中的表、查询、窗体、报表等对象联系起来统一管理,形成完整的数据库系统。但是,宏具有局限性,一是只能处理一些简单操作,对于复杂条件和循环结构则无能为力;二是宏对数据库对象的处理能力很弱;三是宏也不能直接运行很多 Windows 的程序。使用模块可突破宏的局限,解决复杂问题(视频 7.1)。本章介绍模块概念及 VBA 程序设计基础知识。

视频 7.1 VBA 编程
基础

7.1 模块与 VBA 编程环境

7.1.1 VBA 编程环境

VBA(Visual Basic for Applications)是微软 Office 套件的内置编程语言,是 VB(Visual Basic)的子集。模块是 VBA 编写的程序集合,是 Access 开发的应用程序的核心和关键。VBA 程序的编写单位是子过程和函数过程,它们在 Access 中以模块形式组织和存储。

在 Access 2010 中,进入 VBA 编程环境有 3 种方式。

1. 直接进入 VBA

操作步骤:在图 7.1 所示界面单击"数据库工具"选项卡的"宏"组中"Visual Basec"按钮,进入 VBA。

图 7.1 直接进入 VBA

2. 创建模块进入 VBA

操作步骤:在图 7.2 所示界面中,单击"创建"选项卡"宏与代码"组中的"Visual Basec",进入 VBA。

图 7.2　创建模块进入 VBA

3. 通过窗体和报表等对象的设计进入 VBA

通过窗体和报表等对象的设计进入 VBA 有两种方法：

一种是通过控件的事件响应进入 VBA。在图 7.3 所示界面中，选择文本框控件①，在控件的属性表窗格中，单击事件选项卡②，再单击事件右侧的"…"按钮③，弹出"选择生成器"对话框，选中"代码生成器"④，单击"确定"按钮⑤，从"yhm"的单击事件过程中进入 VBA，如图 7.4 所示。

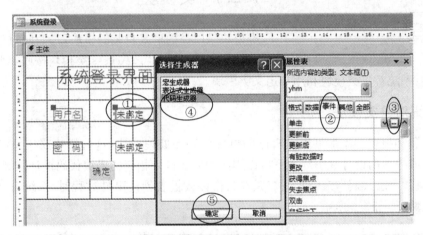

图 7.3　通过窗体文本框设计进入 VBA

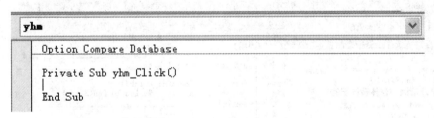

图 7.4　VBA 编辑窗口

另一种是在窗体或报表设计工具中单击"查看代码"选项按钮进入 VBA，如图 7.5 所示。

图 7.5　"查看代码"按钮

7.2   VBA 模块简介

模块是用 VBA 语言编写的程序的集合,是 Access 的数据库中的一个重要对象。"模块"将 VBA 声明和过程作为一个单元进行保存。通过模块的组织和 VBA 代码设计,可以大大提高 Access 数据库的处理能力,以解决复杂问题。

模块可分成两种基本类型:类模块和标准模块。注意类对象模块和标准模块图标是不同的,如表 7.1 所示。

表 7.1   模块类型与图标

图　标	模块类型
![标准模块图标]	标准模块
![类模块图标]	类模块

7.2.1   类模块

类模块是以类的形式封装的模块,是面向对象的基本单位,是生产对象的"模具"。Access 类模块按照类型不同可以分为两大类:系统对象类模块和用户定义类模块。

1. 系统对象类模块

窗体对象和报表对象都可以有自己的事件代码和处理模块,这些模块属于系统对象类模块。在窗体或报表的设计视图环境下可以用两种方法进入相应的模块代码设计区域:一是用鼠标单击工具栏"查看代码"按钮进入;二是在为窗体或报表创建事件过程时,系统自动进入相应代码设计区域,如图 7.6 所示。

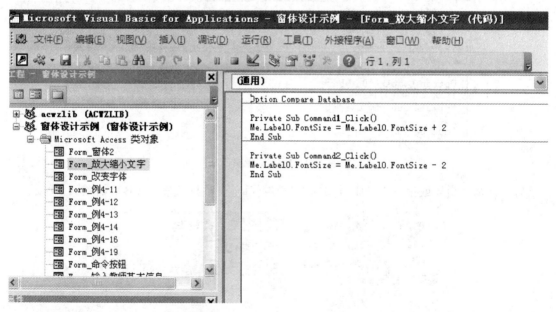

图 7.6　系统对象类模块代码区

窗体和报表模块通常都含有事件过程,过程的运行用于响应窗体或报表中的事件,可以使用事件过程来控制窗体或报表的行为以及它们对用户操作的响应。

窗体模块和报表模块中的过程可以调用标准模块中已经定义好的过程。

窗体模块和报表模块具有局部特性,其作用局限在所属窗体或报表内部,而生命周期则是伴随着窗体的打开而开始,随窗体的关闭而结束。窗体模块和报表模块都属于类模块,它们从属于各自的窗体或报表。

2. 用户定义类模块

由用户自己定义的类模块称为用户定义类模块。创建类模块的方法是:打开 VBA 窗口,单击"插入"菜单,选择"类模块"命令,创建用户定义类对象模块。

7.2.2　标准模块

标准模块一般用于存放供其他 Access 数据库对象或代码使用的公共过程。在 VBA 编辑窗口,可以通过"插入"菜单的"模块"命令,创建标准模块并进入其代码设计环境,如图 7.7 所示。

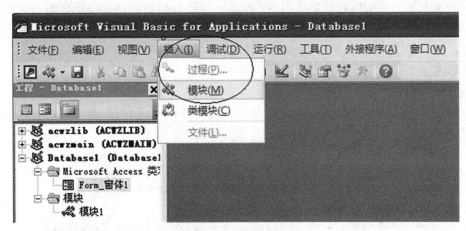

图 7.7　创建标准模块

标准模块通常安排了一些公共变量或过程供类模块里的过程调用。在各个标准模块内部,变量和函数方法默认为 Public 属性以供外部调用;如果需要也可以使用 Private 关键字来定义私有变量和私有过程,但仅供本模块内部使用。

标准模块中的公共变量和公共过程具有全局特性,其作用范围在整个应用程序里,生命周期是伴随着应用程序的运行而开始,随应用程序关闭而结束。

外部引用时使用"模块对象名. 变量"或"模块对象名. 过程(或方法)"的格式。

7.2.3　VBA 代码编写模块过程

模块的主要单元是 VBA 过程,过程由 VBA 代码编写而成,分为以下两类:

1. Sub 过程

又称子过程,执行一系列操作,无返回值,定义格式如下:

```
Sub 过程名
```

　　［程序代码］

　　End Sub

使用"过程名"调用,或者使用"Call 过程名"调用。

2. Founction 过程

又称函数过程,执行一系列操作,有返回值,定义格式如下:

　　Function 过程名 As (返回值)类型

　　［程序代码］

　　End Function

函数过程不能使用 Call 来调用执行,需要直接引用函数过程名,并由接在函数名后的括号辨别。

7.2.4　宏转换为模块

每一个宏都有自己对应的模块代码,在 Access 中可以根据需要将设计好的宏对象转换为模块代码形式。

【例 7.1】　将"宏 2"转换为 VBA 模块。

操作步骤:

① 在设计视图中打开"宏 2";

② 单击工具组的 "将宏转换为 Visual Basic 代码",如图 7.8 所示,弹出转换宏对话框;

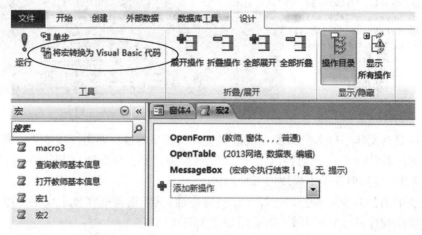

图 7.8

③ 单击对话框上的"转换"按钮,如图 7.9 所示。

图 7.9

图 7.10、图 7.11 所示的分别是"宏 2"及与它对应的"被转换的宏——宏 2(代码)"。

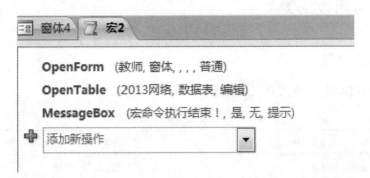

图 7.10　"宏 2"

图 7.11　"宏 2"的模块代码

7.2.5　在模块中执行宏

使用 Docmd 对象的 RunMacro 方法,在模块的过程定义过程中执行设计好的宏。其调用格式如下:

　　　Docmd. RunMacro. 宏名[,重复次数][,重复表达式]

7.3　VBA 程序设计基础

Access 利用 VBA 语言编写程序,完成复杂操作任务。编写程序必须了解 VBA 语言的数据类型、变量、函数以及书写规则等内容。

7.3.1　常用数据类型

1. 标准数据类型

VBA 常用标准数据类型如表 7.2 所示。

表 7.2　VBA 常用标准数据类型

数据类型	类型标志符	符　号	字段类型	举　例
整数型	Integer	％	字节型、整数型、是/否型	−32 768～32 767
长整数型	Long	&	长整数型/自动编号型	
单精度型	Single	！	单精度型	
双精度型	Double	♯	双精度型	
字符串型	String	$	文本型	
布尔型	Boolean		逻辑值	
日期型	Date		日期/时间型	
变体类型	Variant		任何	

（1）数值型数据的符号

有整型符号"％"，长整型符号"&"，单精度型符号"！"，双精度型符号"♯"，字符串型符号"$"。例如：10.33♯，100％ 。

（2）布尔型数据的值

有两种值：True 和 False。当其他数值类型转换为布尔型时，0 变成 False，其他值均为 True；当布尔型转换为其他型时，False 成为 0，True 成为−1。

（3）日期型数据的值

日期值用"♯"括起来，如 ♯2004/11/23♯ 。

（4）Variant（变体）数据类型

若未给变量指定数据类型，则 Access 自动指定其为 Variant 类型。

Variant 可包含除定长 String 数据及用户定义类型之外的任何种类的数据。

2. 用户定义的数据类型

用户自己使用 Type 定义的数据类型称为用户定义数据类型。定义格式如下：

Type［数据类型名］

　　＜域名＞ As ＜数据类型＞

　　＜域名＞ As ＜数据类型＞

　　…

EndType

3. 数据库对象

数据库对象如表、查询、窗体、报表等，也有对应的 VBA 对象数据类型。这些对象数据类型由引用的对象库所定义。常用的对象数据类型和对象库所包括的对象如表 7.3 所示。

表 7.3　VBA 支持的数据库对象类型

对象数据类型	对象库	对应的数据库对象类型
数据库,DataBase	DAO 3.6	使用 DAO 时用 Jet 数据库引擎打开的数据库
连接,Connection	ADO 2.1	ADO 取代了 DAO 的数据库连接对象
窗体,Form	Access 9.0	窗体,包括子窗体
报表,Report	Access 9.0	报表,包括子报表
控件,Control	Access 9.0	窗体和报表上的控件
查询,QueryDef	DAO 3.6	查询
表,TableDef	DAO 3.6	数据表
命令,Command	ADO 2.1	ADO 取代 DAO. QueryDef 对象
结果集,DAO. Recordset	DAO 3.6	表的虚拟表示或 DAO 创建的查询结果
结果集,ADO. Recordset	ADO 2.1	ADO 取代了 DAO. Recordset 对象

7.3.2　变量

变量是指程序运行时值会发生变化(值和数据类型的变化)的数据。变量由变量名标志,变量名可随意定义,但不能与 VBA 关键词冲突,变量的值可按需变化。一般变量要先声明,再使用。

1. 变量命名规则

在 VBA 的代码中,过程、变量及常量的名称有如下规定:

① 最长只能有 255 个字符。

② 必须用字母开头。

③ 可以包含字母、数字或下划线字符。

④ 不能包含标点符号或空格。

⑤ 不能是 Visual Basic 关键字。关键字是指在 Visual Basic 中被用作语法的那些词,包括预定义语句(如 If 和 Loop)、函数(如 Len 和 Abs)和运算符(如 Or 和 Mod)等。

⑥ VBA 变量标志命名法则为"见名识意",如,"txtName"表示文本框名称。

2. 变量的声明

变量的声明需要定义变量名及其数据类型,系统根据声明情况为变量分配存储空间。变量声明格式如下:

　　　　Dim 变量名表[As 数据类型]

VBA 声明变量有以下两种方式:

(1) 显式声明

在定义语句 As 之后指明变量的数据类型,或者是在变量名后加数据类型符号的变量声明方式称为显式声明。

Dim n As Integer	'声明"n"为整型变量。
Dim s1% ,s2!	'声明"s1"为整型,"s2"为单精度型。
Dim t1 As Boolean, d1 As Date	'声明"t1"为布尔型,"d1"为日期型。

（2）隐式声明

在定义语句中省略 As 及其之后的数据类型的声明方式称为隐式声明。

Dim x,y	'声明"x""y"为变体 Variant 变量。
Dim NewVar＝168	'声明"NewVar"为 Variant 变量,值是 168。

3. 强制声明

一般变量先声明、再使用,VBA 允许使用未声明的变量,如果强制要求所有变量必须声明,则在模块设计窗口顶部"通用声明"区域中加入语句:Option explicit(图 7.12)。

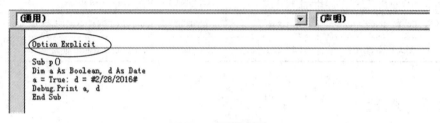

图 7.12　强制声明

4. 变量的作用域

变量的作用域决定了这个变量是被一个过程使用还是被一个模块中的所有过程使用或是被数据库中的所有过程使用。

（1）局部范围（Local）

过程级变量只有在声明它们的过程中才能被识别,也称它们为局部变量,可用 Dim 或者 Static 关键字来声明它们,例如:

Dim V1 As Integer

或

Static V1 As Integer

用 Static 声明的局部变量中值在整个应用程序运行时一直存在,但是只有在过程中才能使用;而用 Dim 声明的变量只在过程执行期间才存在。

（2）模块范围（Module）

模块级变量对该模块的所有过程都可用,但对其他模块的代码不可用。可在模块顶部的声明段用 Private 关键字声明变量,从而建立模块级变量,例如:

Private V1 As Integer

在模块级,Private 和 Dim 之间没有什么区别,但 Private 更好些,因为很容易把它和 Public 区别开来,使代码更容易理解。

（3）全局范围（Public）

为了使模块级的变量在其他模块也有效,可用 Public 关键字声明变量。全局变量中的值可用于应用程序的所有过程。和所有模块级变量一样,也在模块顶部的声明中声明公用变量,例如：

　　Public V1 As Integer

用户不能在过程中声明公用变量,而在模块中声明的变量可用于所有模块。

5. 数据库对象变量

数据库对象及其属性可当做 VBA 中的变量加以引用。引用格式如下：

　　Froms!　窗体名称!　控件名称[. 属性名称]

　　Report!　报表名称!　控件名称[. 属性名称]

例如：

　　Froms!　学生成绩!　编号＝"1001"

　　Dim txtName As Control

　　Set txtName＝Froms!　学生管理!　姓名

　　txtName＝"张三"

6. 数组

VBA 一组相同类型的数据可以使用数组有序存放,这些按序排列的同类数据称为数组元素。数组定义格式如下：

　　Dim 数组名([下标下限 To] 下标上限　 [,[下标下限 To] 下标上限])[As 数据类型]

默认数组下标从零开始。例如：

　　Dim S1(3) As Integer

数组变量 S1 有 4 个元素,S1(0),S1(1),S1(2)和 S1(3)。

　　Dim N(1 To 2, 1 To 3) As Single

声明了一个 2×3 的二维数组,有 6 个数组元素。可将其想象成矩阵,第一个参数为行号,第二个参数为列号,如：

　　S(1,1),S(1,2),S(1,3),S(2,1),S(2,2),S(2,3)

若预先不知道数组定义需要多少元素时,可以先用 Dim 定义动态数组,再用Redim关键字决定数组包含的元素个数,例如：

　　Dim new1( ) As long　　　　　　'定义动态数组

　　…

　　ReDim　new1(3,3)　　　　　　'分配数组空间大小

7.3.3　常量

常量是在应用程序的运行程序期间值保持不变的量,是程序中可直接引用的实际值。VBA 有 3 种常量:直接常量、符号常量和系统常量。

1. 直接常量

确定的数值,如:3.14,"北京"。

2. 符号常量

使用符号的形式表示常量。符号常量定义格式如下：

　　Const 常量名＝常量值

例如：

　　Const PI＝3.1415926　　'声明一个符号常量 PI

3. 系统常量

系统定义常量指 Access 系统内部包含的启动时就建立的常量。例如：True,False 和 Null 等。用户可以在 Access 中的任何地方使用系统定义的常量。

7.3.4　常用标准函数

函数都有返回值,函数的参数和返回值都有特定的数据类型,常见函数见附录 A。

1. 算术函数

（1）绝对值函数

　　Abs(＜表达式＞)

返回表达式的绝对值,例如：

　　Abs(−3)＝3

（2）取整函数

　　Fix(＜表达式＞)

返回表达式值的整数部分,例如：

　　Fix(3.25)＝3

　　Fix(−3.25)＝−3

（3）向下取整函数

　　Int(＜表达式＞)

返回小于表达式值的最大整数,例如：

　　Int(3.25)＝3

　　Int(−3.25)＝−4

（4）四舍五入函数

　　Round(＜表达式＞ [,＜指定保留小数位数＞])

按照指定小数位数返回四舍五入的结果,例如：

　　Round(3.255,1)＝3.3

　　Round(−3.255,0)＝−3

（5）平方根函数

　　Sqr(＜数值表达式＞)

返回数值表达式值的平方根,例如：

　　Sqr(9)＝3

　　Sqr(2)＝1.414

　　…
　　　　Sqr(-9)=?

（6）随机数函数

　　　　Rnd(<表达式>)

产生一个 0~1 之间的随机数。

2. 字符串函数

（1）字符串检索函数

　　　　InStr([start，]<str1>，<str2>[，Compare])

返回 str2 在 str1 中最早出现的位置（整数），若找不到，则返回 0，例如：

　　　　InStr("Beijing"，"jing")=4

（2）求字符串长度函数

　　　　Len(<字符串表达式>或变量名)

返回字符串表达式包含的字符个数，例如：

```
Sub p1()
Dim str As String * 10
str = "123"
i = 12
Debug. Print Len("12345")：        '返回 5
Debug. Print Len(i)：              '返回 2
Debug. Print Len(str)：            '返回 10
Debug. Print Len("zhongxin")：     '返回 8
End Sub
```

（3）字符串截取函数

　　　　Left(<字符串表达式>，<N>)

从左边起截取 N 个字符，例如：

　　　　Left("abc"，2)="ab"

　　　　Right(<字符串表达式>，<N>)

从右边起截取 N 个字符，例如：

　　　　Right("abc"，2)="bc"。

　　　　Mid(<字符串表达式>，<N1>，[N2])

从左边第 N1 个位置开始截取 N2 个字符，例如：

　　　　Mid("abc"，2，1)="b"

（4）生成空格字符函数

　　　　Space(<数值表达式>)

返回数值表达式指定个数的空格，例如

　　　　Space(3)

返回 3 个空格。

（5）大小写转换函数

　　　　Ucase(<字符串表达式>)

将字符串中的小写转换成大写,例如:

    Ucase("abCDef")="ABCDEF"

    Lcase(<字符串表达式>)

将字符串中的大写转换成小写,例如:

    Lcase("abCDef")="abcdef"

(6) 删除空格函数

    Ltrim(<字符串表达式>)

删除左边空格,例如:

    Ltrim("　abc　")="abc　"

    Rtrim(<字符串表达式>)

删除右边空格,例如

    Rtrim("　abc　")="　abc"。

    Trim(<字符串表达式>)

删除左右两边空格,例如:

    Trim("　abc　")="abc"

3. 日期时间函数

(1) 获取系统当前日期和时间函数

    Date()

返回当期系统日期。

    Time()

返回当前系统时间。

    Now()

返回当前系统日期和时间。

(2) 截取日期分量函数

    Year(<表达式>)

返回表达式中的年。

    Month(<表达式>)

返回表达式中的月。

    Day(<表达式>)

返回表达式中的日。

    WeekDay(<表达式>[,N])

返回周几的数值(周日为 1)。"N"代表从哪天开始计算一周。

(3) 截取时间分量函数

    Hour(<表达式>)

返回时间表达式的小时数,取值在 0～23 之间。

    Minute(<表达式>)

返回时间表达式的分钟数,取值在 0～59 之间。

    Second(<表达式>)

返回时间表达式的秒数,取值在 0～59 之间。

例如：
T=♯10:40:11♯时：
Hour(T):返回 10。
Minute(T):返回 40。
Second(T):返回 11。

4. 类型转换函数

(1) 转换成 ASCII 码函数
Asc(<字符串表达式>)
Asc("abc")

返回第一个字符的 ASCII 码值 97。

(2) 将 ASCII 码转换成字符函数
Chr(ASCII 码)
Chr(65)

返回 A。

(3) 将数值转换成字符串函数
Str(<数值表达式>)
Str(99)

返回"99"第一个位置为符号位,如果是正数则第一个位置为空格,例如：
Str(-6)

返回-6。

(4) 将字符串转换成数值函数
Val(<字符串表达式>)

例如：
Val("16")

返回 16。
Val("a")

返回 0。

7.3.5　运算符和表达式

1. 运算符

在 VBA 中,运算符可以分成 4 种类型:算术运算符、关系运算符、逻辑运算符和连接运算符。

(1) 算术运算符

算术运算符是常用的运算符,用来执行简单的算术运算。VBA 提供了 8 个算术运算符:加(+)、减(-)、乘(*)、取负(-)、取余 Mod 等,表 7.4 列出了这些算术运算符。

表 7.4　算术运算符

运　算	运算符	表达式举例	表达式返回值
指数运算	^	3^2	9
乘法运算	*	5 * 3	15
除法运算	/	2/5	0.4
整数除法	\	2\5	0
求模运算	Mod	10 Mod 4	2
加法运算	+	2+3	5
减法运算	—	2—3	—1
取负运算	—	—9	—9

在 8 个算术运算符中,除取负(—)是单目(单元)运算符外,其他均为双目(双元)运算符。

(2) 关系运算符与关系表达式

关系运算符也称比较运算符,用来对两个表达式的值进行比较,比较的结果是一个逻辑值,即真(True)或假(False)。用关系运算符连接两个算术表达式所组成的表达式叫做关系表达式。VBA 提供了 6 个关系运算符,如表 7.5 所示。

表 7.5　关系运算符

运　算	运算符	表达式举例	表达式返回值
相等	=	2+3=5	True
不等	<>	2=3	False
小于	<	2<3	True
大于	>	2>3	False
小于等于	<=	2<=3	True
大于等于	>=	2>=3	False

(3) 逻辑运算符

逻辑运算也称布尔运算,由逻辑运算符连接两个或多个关系式,组成一个布尔表达式,其值为真或假。VBA 的逻辑运算符有 3 个:And,Or 和 Not,逻辑运算符如表 7.6 所示。

表 7.6　逻辑运算符

A	B	A And B	A Or B	Not A
True	True	True	True	False
True	False	False	True	False
False	True	False	True	True
False	False	False	False	True

(4) 连接运算符

字符串连接符有两个:"&"和"+",它们都可以用来连接字符串(字符串相加),例如:

A $ = "My"

　　　　B$ ="Home"
　　　　A$ & B$

或者

　　　　A$ + B$

运算结果为

　　　　"MyHome"。

　　在 VBA 中，"+"既可用作加法运算符，也可以用作字符串连接符，但"&"专门用作字符串连接运算符，其作用与"+"相同。在有些情况下，用"&"比用"+"可能更安全。

2. 表达式与优先级

（1）表达式

将常量、变量、函数等用各种运算符连接在一起构成的式子称为表达式。

（2）表达式中运算的优先级

同一表达式中，运算进行的先后顺序由运算符优先级决定，运算符的优先级为：

① 算术运算符→连接运算符→比较运算符→逻辑运算符（优先级从左到右逐渐降低）；

② 所有比较运算符优先级相同；

③ 算术运算符优先级：^→－→ * ,/→\→mod→+，－（优先级左边最高，右边最低）；

④ 括号优先级最高，可用括号改变优先级。

7.3.6　程序语句书写原则

1. 语句书写规定

一句写一行，长语句一行写不下用续行符"_"续行。

多句写一行，句间用冒号（:）分割。

2. 注释语句

程序中使用注释语句对变量或程序段等进行说明可便于用户阅读程序，为程序维护提供方便。

注释语句格式：

　　　　Rem 注释内容

或

　　　　'注释内容

如

　　　　Rem 冒泡排序程序

或

　　　　'冒泡排序程序

3. 采用缩进格式书写程序

不同层次的语句使用不同的缩进格式书写，能够显示出程序结构。

7.4　VBA 流程控制语句

VBA 程序是由语句组成的,一条语句就是一行代码。VBA 程序语句按功能分为两大类型:一类是用于定义变量、常量及过程定义命名的声明语句;另一类是进行赋值操作、调用过程、实现各种流程控制的执行语句。

计算机程序的流程控制,有 3 种基本结构:顺序结构、分支结构和循环结构。

(1) 顺序结构

其中的语句按排列的顺序依次执行。

(2) 分支结构

按照给定的条件进行判断,再按判断的结果分别执行程序中不同部分的代码。

(3) 循环结构

按照条件反复执行一系列语句。

在 VBA 模块中不存储单独的语句,必须将语句组织起来形成过程,即 VBA 程序是块结构,它的主体是事件过程或自定义过程。

在 VBA 的代码窗口,写入一个自定义的子过程 p1,单击运行按钮或按"F5"键运行过程,在"立即窗口"中会看到程序运行结果"11",如图 7.13 所示。

图 7.13　过程及其运行结果窗口

7.4.1　顺序结构与赋值语句

1. 赋值语句

赋值语句为变量指定一个值或表达式。

格式:

　　[let] 变量名＝表达式

功能:将表达式的值赋给变量。

例如:

　　Dim a as integer

　　A＝3＋2　　　　　　　将 3＋2 的值(5)赋给变量 A

　　Debug. Print a

2. 顺序结构

顺序结构程序由从上到下的语句组成,一般包括数据输入、数据处理、数据输出。

(1) 数据输入

数据输入使用输入框"InputBox"。

格式:

　　InputBox(提示字符串)

例如:

　　x＝InputBox("x")

运行时弹出输入框,如图 7.14 所示,等待用户从键盘输入数据。用户输入数据并单击"确定"按钮后,输入的数据将赋值给变量"x"。

图 7.14　"InputBox"对话框

(2) 数据处理

使用赋值语句实现数据处理,格式:

　　变量＝表达式

(3) 数据输出

使用 Debug. Print 语句可以在立即窗口输出数据。使用消息框 MsgBox,可以在消息窗口输出数据。

Debug. Print 语句格式:

　　Debug. Print 表达式

功能:在立即窗口输出表达式的值。

MagBox 函数格式:

　　MsgBox(消息)

功能:在消息框中输出消息,例如,MsgBox("你好"),运行时弹出消息,如图 7.15 所示。

【**例 7.2**】　编程序计算长为 10.5、宽为 5.6 的矩形的周长和面积。

程序如下:

　　Sub pro1()

图 7.15

```
Dim a As Single，b!，s!，l!
a = 10.5；b = 5.6
l = a + b
s = a * b
Debug. Print l, s        '在窗口立即显示周长和面积
End Sub
```

按"F5"运行程序,得到结果:

16.1   58.8

7.4.2　分支结构与条件语句

分支结构程序需要根据条件判断作相关决策,由条件语句实现(视频 7.2)。

视频 7.2　分支程序
设计

1. If Then 语句(单分支结构)

语句格式:

　　　　　If ＜条件表达式＞Then 要执行的语句

或

　　　　　If ＜条件表达式＞Then

　　　要执行的语句

End If

功能:先计算条件表达式,当表达式的值为 True 时,执行要执行的语句,表达式值为假时,不做任何操作。

程序执行流程如图 7.16 所示。

【例 7.3】　自定义过程"pro2"的功能是:如果当前系统日期月份超过 6 月,则在立即窗口显示"下半年!"。

程序如下:

```
Sub pro2()
Dimm As Integer
M = Month(Date)
If M > 6 Then Debug. Print "下半年!"
End Sub
```

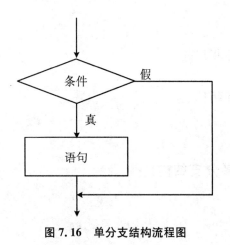

图 7.16　单分支结构流程图

2. If Then Else 语句(双分支结构)

语句格式：

　　If ＜条件表达式＞Then＜语句序列 1＞Else＜语句序列 2＞

或

　　If＜条件表达式＞Then
　　＜语句序列 1＞
　　Else
　　＜语句序列 2＞
　　End If

功能：先计算条件表达式,若结果为真,执行语句序列 1,否则执行语句序列 2,流程图如图 7.17 所示。

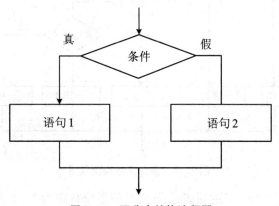

图 7.17　双分支结构流程图

【例 7.4】　自定义过程"pro3"的功能是：如果当前系统日期为 7～12 月份,则在立即窗口显示"下半年!"否则显示"上半年!"

程序如下：

　　Sub pro3()
　　Dim M As Integer

M = Month(Date)
If M > 6 Then
Debug. Print "下半年!"
Else
Debug. Print "上半年!"
End If
End Sub。

3. If Then Else If(多分支结构)

语句格式:

　　If <表达式 1>Then
　　　　语句 1
　　Else If<表达式 2>Then
　　　　语句 2
　　…
　　Else
　　　　语句 n
　　End If

语句执行流程如图 7.18 所示。

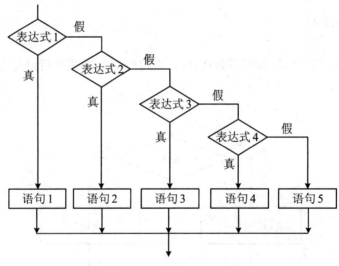

图 7.18　多分支结构流程图

【例 7.5】　自定义过程"pro4"的功能是:如果当前系统日期为 1~3 月份,则在窗口立即显示"第一季度!",若为 4~6 月份则显示"第二季度!",7~9 月份"第三季度!",其他显示"第四季度!"。

　　对应的程序如下:

Sub pro4()
Dim m As Integer
M = Month(Date)
If M <= 3 Then

```
    Debug. Print "第 1 季度!"
Elseif M <= 6 Then
    Debug. Print "第 2 季度!"
Elseif M <= 9 Then
    Debug. Print "第 3 季度!"
Else
Debug. Print "第 4 季度!"
End If
End Sub
```

4. Select Case End Select 语句

语句格式：

Select Case 表达式
　　Case 表达式 1
语句 1
　　[Case 表达式 21 To 表达式 22
语句 2]
　　[Case Is 关系运算符 表达式 3
语句 3]
　　[Case Else
语句 n]
End Select

功能：若第 i 个表达式为真，则执行语句块 i。

流程图如图 7.19 所示。

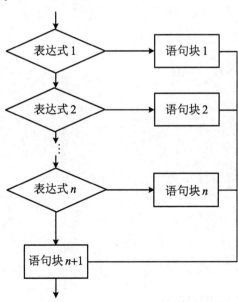

图 7.19　Select Case End Select 语句流程图

【例 7.6】 自定义过程"pro5",用 Select 语句将月份转换成季度。

程序如下：

```
Private Sub pro5()
Dim M As Integer
M = Month(Date)
Select Case M
    Case Is <= 3
a = 1
    Case Is <= 6
a = 2
    Case Is <= 9
a = 3
    Case Is <= 12
a = 4
End Select
Debug. Print "第" + str(a) + "季度"
End Sub
```

【例 7.7】 自定义过程"pro6",通过 Select 语句使用下列公式由 x 的值计算 y 的值。

$$y = \begin{cases} \sqrt{x} & (x > 0) \\ 0 & (x = 0) \\ |x| & (x < 0) \end{cases}$$

程序如下：

```
Sub pro6()
Dim x As Single, y As Single
x = InputBox("x")
Select Case x
  Case Is > 0
    y = Sqr(Val(x))
  Case Is = 0
    y = 0
  Case Is < 0
    y = Abs(x)
End Select
Debug. Print x, y
End Sub
```

5. 条件函数

（1）Iif 函数

    Iif(条件式,表达式 1,表达式 2)

条件式为真,返回表达式 1 的值,否则返回表达式 2 的值,例如：

Iif(x>=60,"及格","不及格")

（2）Switch 函数

Switch(条件式 1,表达式 1[,条件式 2,表达式 2[,条件式 *n*,表达式 *n*]])

该函数是分别根据"条件式 1""条件式 2"直至"条件式 *n*"的值来决定返回值。条件式是由左到右进行计算判断的,而表达式则会在第一个相关的条件式为 True 时作为函数返回值返回,例如:

Switch(x>0,1,x=0,0,x<0,-1)

7.4.3　循环结构与循环语句

循环结构控制计算机重复执行程序块(视频 7.3)。

1. For Next 语句

（1）最简单的 For Next 语句

格式:

　　For 循环变量=初值 To 终值 [step 步长]

　　循环体

　　Next [循环变量]

视频 7.3　循环程序设计

功能:重复执行循环体(终值-初值)/步长+1 次。

循环语句执行流程如图 7.20 所示。

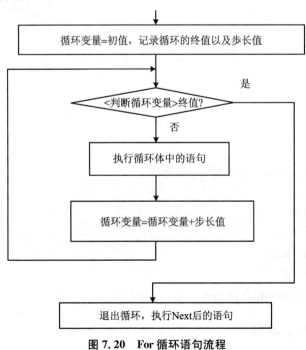

图 7.20　For 循环语句流程

说明:步长为 1 时,step 步长可以省略。

【例 7.8】　自定义过程"pro7",使用 For Next 语句打印大写的 26 个字母。

程序为:

```
Sub pro7()
For i＝0 to 25
    Debug. Print chr(i＋65)
Next
End Sub
```

运行结果如下：

ABCDEFGHIJKLMNOPQRSTUVWXYZ

【例 7.9】 自定义"xinghao"过程，立即在窗口中显示由"＊"组成的 5×5 的图形。

程序如下：

```
Sub xinghao()
Const Max = 5
Dim str As String,n As Integer
str = ""
For n = 1 To max
    str = str＋ " ＊ "
Next
For n = 1 To max
    Debug. Print str
Next n
End Sub
```

运行结果如下：

```
＊ ＊ ＊ ＊ ＊
＊ ＊ ＊ ＊ ＊
＊ ＊ ＊ ＊ ＊
＊ ＊ ＊ ＊ ＊
＊ ＊ ＊ ＊ ＊
```

（2）完整的 For Next 语句

格式：

For 循环变量＝初值 To 终值［step 步长］

循环体

［条件语句序列

Exit For

结束条件语句序列］

Next［循环变量］

For Next 常与数组配合使用解决复杂问题。

2. Do While Loop 语句

格式：

Do While ＜条件式＞

循环体

［条件语句序列

Exit Do

结束条件语句序列]

Loop

功能:条件式为真时,执行循环体,并持续到条件式为假或执行到选择性 Exit Do 语句时退出循环。

程序执行流程如图 7.21 所示。

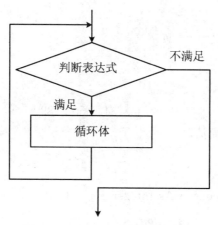

图 7.21　Do While Loop 语句流程

【例 7.10】　自定义过程"pro9",用 Do While Loop 语句对字母数组进行赋值,输出字母数组元素值。

程序如下:

```
Sub pro9()
Dim s(26) As String
i = 1
Do While i <= 26
s(i) = Chr(i + 96)
i = i + 1
Loop
For i = 1 To 26
Debug. Print s(i);
Next
End Sub
```

运行结果如下:

abcdefghijklmnopqrstuvwxyz

【例 7.11】　定义过程"feibo",输出斐波那契数列各项,直到输出项的值超过 100。

斐波那契数列为形如 1,1,2,3,5,8,13,21,34,55,…的数列,它从第三项开始,每一项都是它前两项的和。

程序 1 如下:

```
Sub feibo()
```

```
Debug. Print
a = 1
b = 1
Debug. Print a; " "; b; " ";
Do While a + b <= 100
    c = a + b
    Debug. Print c; " ";
    a = b
    b = c
Loop
End Sub
```

运行结果如下：

1　1　2　3　5　8　13　21　34　55　89

使用数组可以使程序更简洁。

程序 2 如下：

```
Sub feibo2()
Dim a(100) As Integer，i As Integer
a(1) = 1
i = 1
Do While a(i) <= 100
    Debug. Print a(i);
    a(i + 1) = a(i) + a(i − 1)
    i = i + 1
Loop
Debug. Print
End Sub
```

运行结果如下：

1　1　2　3　5　8　13　21　34　55　89

VBA 的 Do Until Loop 语句、Do Loop While 语句、Do Loop Until 语句、While Wend 语句也是实现循环的语句，只不过语句格式不同。

7.4.4　其他语句——标号和 Goto 语句

1. Goto 语句

格式：

　　Goto 标号

功能：转去执行标号所指示的语句。

　　Debug. Print 1
　　Goto Si

　　　Debug. Print 2

　　　Debug. Print 3

　　　Si：Debug. Print 4

运行结果如下：

　　1

　　4

2. 注意事项

尽量避免使用 Goto 语句，以防造成程序逻辑结构混乱。

程序设计案例见视频 7.4。

7.4.5　过程调用和参数传递

视频 7.4　程序设计案例

1. Sub 过程的定义和调用

以上自定义过程都是无参数过程，允许过程有参数，可以用 Sub 语句声明一个新的有参数子过程，其语法格式如下：

　　　[Public|Private][Static]Sub 子过程名([<参数>][As 数据类型])

　　　[<子过程语句>]

　　　[Exit Sub]

　　　[<子过程语句>]

　　　End Sub

有参数的过程通过以下语句调用：

　　　Call 过程名(实际参数表)

或

　　　过程名(实际参数表)

【例 7.12】　如编写一个计算加减乘除的有参数过程，调用该过程实现对给定数据的计算。

程序如下：

　　　Private Sub compute(a As Single，b As Single)'定义时括号里的叫形式参数，简称形参

　　　Dim c1 As Single，c2 As Single，c3 As Single，c4 As Single

　　　c1 = a + b

　　　c2 = a - b

　　　c3 = a * b

　　　c4 = a / b

　　　Debug. Print "c1="；c1，"c2="；c2，"c3="；c3，"c4="；c4

　　　End Sub

　　　'下面是调用 compute 过程的过程

　　　Public Sub aa()

　　　Call compute(18，3)　　　　　　　　　　'或者

　　　computer(18，3)　　　　　　　　　　　'调用时括号里的叫实际参数，简称实参

End Sub

运行结果如下：

c1= 21　　　　c2= 15　　　　c3= 54　　　　c4= 6

过程调用中，用实参"18"和"3"取代形参"a"和"b"，参数的传递和程序的流程如图 7.22
所示。

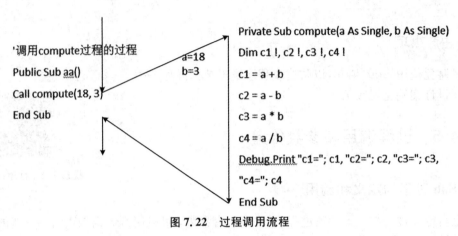

'调用compute过程的过程

Public Sub aa()

Call compute(18, 3)

End Sub

a=18
b=3

```
Private Sub compute(a As Single, b As Single)
Dim c1 !, c2 !, c3 !, c4 !
c1 = a + b
c2 = a - b
c3 = a * b
c4 = a / b
Debug.Print "c1="; c1, "c2="; c2, "c3="; c3,
"c4="; c4
End Sub
```

图 7.22　过程调用流程

2. 函数过程的定义和调用

过程使用起来很方便，但如果需要返回参数，就要用到函数了。在 VBA 中，提供了大量的
内置函数，比如字符串函数 Mid()、统计函数 Max()等，在编程时直接引用就可以了，非常
方便。

但有时我们需要按自己的要求定制函数，比如我们需要计算半径为 R 的圆的面积 A，要用
公式 $A=3.14\times R^2$。这时就需要定义函数。

用 Function 语句可以声明一个新函数、设定它接受的参数、返回的变量类型及运行该函数
过程的代码，其语法形式如下：

［Public｜Private］［Static］Function 函数名（［<参数>]）［As 数据类型］

［<函数语句>]

［函数名＝<表达式>]

［Exit Function］

［<函数语句>\]

［函数名＝<表达式>]

End Function

调用函数过程与调用标准函数一样，格式为：

函数名(实际参数表)

但是函数调用只能出现在表达式可以出现的地方，不能作为单独的语句存在。

【例 7.13】　定义根据半径求圆面积的函数。

程序如下：

```
Public Function Area(r As Single) As Single                    '参数返回值
If r <= 0 Then
    MsgBox "半径必须是正数", vbCritical，"警告"
```

```
    Area = 0
Exit Function
End If
   Area = 3.14 * r * r
End Function
'调用函数计算给定半径的圆面积
Public Sub pp()
Dim s As Single，x!
x = InputBox("x=")
s = Area(x)
Debug.Print s
End Sub
```

弹出对话框如图 7.23 所示,运行情况如下:

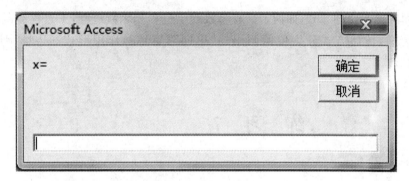

图 7.23　输入对话框

若输入"3",单击"确定"按钮,显示"28.26";

若输入"−4"或其他负数,单击"确定"按钮,则弹出消息框,如图 7.24 所示。

图 7.24　提示信息消息框

函数调用过程中用从键盘输入的实际参数"x"取代形式参数"r",参数的传递和程序流程如图 7.25 所示。

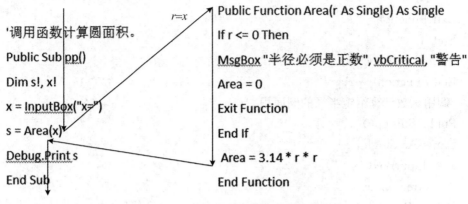

图 7.25 函数调用时参数传递及程序流程

3. 参数传递说明

通过前面的例子,我们知道如何定义有参数的子过程和函数过程,子过程或函数调用过程中有参数的传递,传递方式分为传值调用的"单向"(byVal)作用形式和传址调用的"双向"(byRef)作用形式。

练　习　7

一、选择题

1. VBA 中定义符号常量可以用关键字(　　)。

A. Const　　　　　　B. Dim　　　　　　C. Public　　　　　　D. Static

2. Sub 过程和 Function 过程最根本的区别是(　　)。

A. Sub 过程的过程名不能返回值,而 Function 过程能通过过程名返回值

B. Sub 过程可以使用 Call 语句或直接调用过程名,而 Function 过程不能

C. 两种过程参数的传递方式不同

D. Function 过程可以有参数,Sub 过程不能有参数

3. 定义了二维数组:A(2 to 5,5),则该数组的元素个数为(　　)。

A. 25　　　　　　　B. 36　　　　　　　C. 20　　　　　　　D. 24

4. 已知程序段:

```
s＝0
For i＝1 to 10 step 2
s＝s＋1
i＝i＊2
Next i
```

当循环结束后,变量"i"的值为(　　);

A. 10　　　　　　　B. 11　　　　　　　C. 22　　　　　　　D. 16

变量 s 的值为(　　)。

A. 3　　　　　　　　B. 4　　　　　　　　C. 5　　　　　　　　D. 6

5. 已定义好有参函数"f(m)",其中形参"m"是整型量。下面调用该函数,传递实参为 5,将返回的函数值赋给变量"t"。以下正确的是(　　)。

A. t=f(m)　　　　　B. t=Call f(m)　　C. t=f(5)　　　　　D. t=Call f(5)

6. VBA 中用实际参数"a"和"b"调用有参过程"Area(m,n)"的正确形式是(　　)。

A. Area m,n　　　　　　　　　　　B. Area a,b

C. Call Area(m,n)　　　　　　　　D. Call Area a,b

7. 有如下 VBA 代码:

```
n=0
For i=1 To 3
For j=-4 To -1
n=n+1
Next j
Next i
```

运行结束后,变量"n"的值是(　　)。

A. 0　　　　　　　　B. 3　　　　　　　　C. 4　　　　　　　　D. 12

二、填空题

1. 模块是将 VBA 的_____和_____作为一个单元进行保存的集合体。

2. 在模块的说明区域中,用_____关键字说明的变量是模块范围的变量;而用_____或_____关键字说明的变量是属于全局范围的变量。

3. VBA 的 3 种流程控制结构是顺序结构、_____和_____。

4. VBA 中使用的 3 种选择函数是 Switch、Choose 和_____。

5. VBA 语言中,函数 InputBox 的功能是_____;_____函数的功能是显示消息信息。

6. 在 VBA 中双精度的类型标志是_____。

三、操作题

编写程序实现以下功能。

1. 输入直径,计算圆面积。

2. 输入矩形边长,计算矩形面积和周长。

3. 输入一个整数,该数若大于 0,输出"正数",否则,输出"0 或负数"。

4. 试用 If Else 语句结构编程实现由 x 的值计算 y 的值,公式如下:

$$y = \begin{cases} x & (x > 0) \\ 5 & (x = 0) \\ |x| & (x < 0) \end{cases}$$

5. 用 Select 语句将月份转换成季度。

6. 编写一个打开表的过程"ot()"。

7. 编写主过程"zgc",打开"教师"表、"课程"表。

8. 编写一个求解直角三角形面积的函数过程"area1()"。

9. 在立即窗口中调用"area1"，求边长为 3,4 的直角三角形面积。

10. 编写过程调用"area1"，求边长为 12,21 直角的三角形面积。

11. 设计"计算"窗体,窗体样式如图 7.26 所示。请按以下要求设计相关程序：

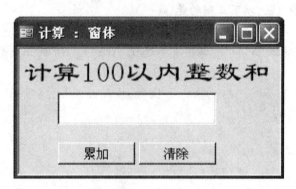

图 7.26

(1) 单击"累加"按钮,用循环结构实现计算"1+2+…+100"的和,并将计算结果显示在文本框中；

(2) 单击"清除"按钮,清空文本框中的内容。

12. 设计"成绩转换"窗体,窗体样式如图 7.27 所示。请按以下要求设计相关程序：

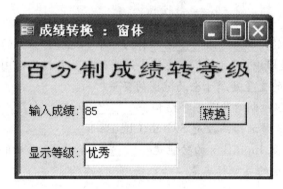

图 7.27

在输入成绩文本框中输入一个学生的考试成绩(0 到 100 之间的数字),单击"转换"按钮,按照以下规则判断学生成绩的等级：

(1) 如果输入的成绩大于等于 85 分,在等级文本框中显示"优秀"；

(2) 如果输入的成绩大于等于 75 分且小于 85 分,在文本框中显示"良好"；

(3) 如果输入的成绩大于等于 60 分且小于 75 分,在文本框中显示"及格"；

(4) 如果输入的成绩在 60 分以下(不含 60 分),在文本框中显示"不及格"。

第 8 章　VBA 数据库编程

使用 Access 2010 开发应用程序,必须学习和掌握 VBA 的一些实用技术,特别是要掌握数据库编程技术。本章介绍 Access 2010 的 ACE 数据库引擎及主要数据库编程基本接口技术和 VBA 数据库编程技术(视频 8.1)。

视频 8.1　数据库编程基础

8.1　数据库编程技术简介

8.1.1　数据库引擎及其体系结构

VBA 一般是通过数据库引擎工具来支持对数据库的访问。数据库引擎是一组动态链接库(DLL),当程序运行时其被连接到 VBA 程序而实现对数据库的数据访问功能。

Access 2010 版使用集成和改进的 Access 数据库引擎(ACE 引擎)。Access 2010 数据库应用体系结构如图 8.1 所示。

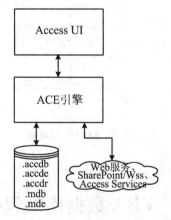

图 8.1　Access 2010 数据库应用体系结构

8.1.2　应用程序访问数据库的途径

应用程序访问数据库,可以通过数据库访问接口,Access 2010(VBA)中常用的数据库编程接口技术有 ODBC、DAO、OLEDB 和 ADO,它们也是应用程序访问数据库的途径。

(1) ODBC(Open Database Connectivity,开放式数据库连接)。

在 Access 应用中,直接使用 ODBC API 需要大量 VBA 函数原型声明和一些繁琐、低级的编程,因此,实际编程很少直接进行 ODBC 访问。

(2) DAO(Data Access Objects,数据访问对象)。

它提供一个访问数据库的对象模型。利用其中定义的一系列数据访问对象,如 DataBase、QueryDef、RecordSet 等对象,实现对数据库的各种操作。如果数据库是 Access 数据库且是本地使用,可以使用 DAO 访问。

(3) OLE DB(Object Linking and Embedding Database,对象链接嵌入数据库)。

OLE DB 是用于访问数据的 Microsoft 系统级别编程接口,它是一个规范而不是一组组件或文件,它是 ADO 的基本技术和 ADO. NET 的数据源。

(4) ADO(ActiveX Data Objects,ActiveX 数据对象)。

ActiveX 数据对象(ADO)为 OLE DB 数据提供程序提供基于 COM 的应用程序级接口。虽然与直接对 OLE DB 编码相比性能有所降低,但 ADO 学习和使用起来要简单得多。

ADO 是 DAO 的后继产物,它"扩展"了 DAO 所使用的层次对象模型,用较少的对象、更多的属性、方法(和参数)以及事件来处理各种操作,简单易用,是当前数据库开发的主流技术。ADO 对象模型简图如图 8.2 所示,本章以 ADO 为重点介绍数据库编程技术。

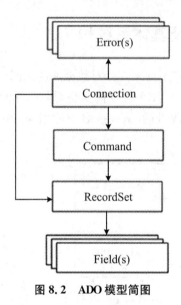

图 8.2   ADO 模型简图

8.2   VBA 数据库编程技术

8.2.1 ADO 的概念

ADO(ActiveX Data Objects,ActiveX 数据对象)是微软公司提供的数据访问接口,通过 ADO 可以对数据库执行查询、修改等操作。ADO 组件包括 Connection、Command、RecordSet、

Fields 和 Error 5 个对象(图 8.3)。

1. Connection 对象

用于建立与数据库的连接,通过连接可从应用程序访问数据源。

2. Command 对象

在建立数据库连接后,可以发出命令操作数据源。

3. RecordSet 对象

表示数据操作返回的记录集。这个记录集是一个连接的数据库中的表或者是 Command
对象的执行结果返回的记录集。

4. Field 对象

表示记录集中的字段数据信息。

5. Error 对象

表示数据提供程序出错时的扩展信息。

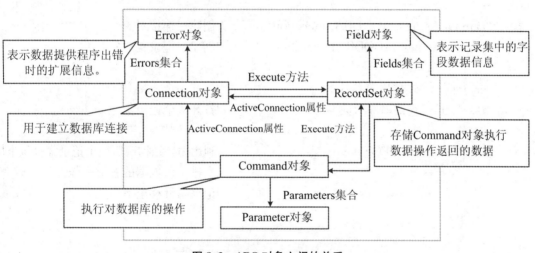

图 8.3　ADO 对象之间的关系

8.2.2　ADO 的引用

在进行 Access 模块设计时要想使用 ADO 的各个组件对象,应该增加对 ADO 库的引用。
引用步骤如下:

  ① 打开 VBA 编辑窗口,即 VBE 窗口;

  ② 在"工具"菜单中选择"引用"命令项,弹出"引用"对话框;

  ③ 在"可使用的引用"列表框中选择"Microsoft ActiveX Data Objects 2.1 Library";

  ④ 单击"确定"按钮。

8.2.3　利用 ADO 访问数据库的一般过程和步骤

利用 ADO 访问数据库的一般过程和步骤如下：

① 定义和创建 ADO 对象实例变量；

② 设置连接参数并打开连接；

③ 设置命令参数并执行命令；

④ 设置查询参数并打开记录集；

⑤ 操作记录集（检索、追加等）；

⑥ 关闭、回收有关对象。

8.2.4　ADO 访问数据库模板

为让读者快速掌握访问数据库方法，给出两个 ADO 访问数据库模板。

1. 模板 1

通过 Connection 对象打开 RecordSet。

```
…
Dim cn As new ADODB. Connection        '创建一连接对象
Dim rs As new ADODB. RecordSet         '创建一记录集对象

cn. Open <连接串等参数>                   '打开一个连接
rs. Open <查询串等参数>                   '打开一个记录集

Do While Not rs. EOF                    '利用循环结构遍历整个记录集直至末尾
    …                                   '安排字段数据的各类操作
        rs. MoveNext                    '记录指针移至下一条
Loop

rs. close                              '关闭记录集
cn. close                              '关闭连接
Set rs = Nothing                       '回收记录集对象变量占用的内存
Set cn = Nothing                       '回收连接对象变量占用的内存
…
```

2. 模板 2

通过 Command 对象打开 RecordSet。

```
'创建对象引用
Dim cm As new ADODB. Command           '创建一命令对象
Dim rs As new ADODB. RecordSet         '创建一记录集对象
```

```
'设置命令对象的活动连接、类型及查询等属性
With cm
    . ActiveConnection ＝ ＜连接串＞
    . CommandType ＝ ＜命令类型参数＞
    . CommandText ＝ ＜查询命令串＞
End With
rs. Open cm,＜其他参数＞            '设定 rs 的 ActiveConnection 属性
Do While Not rs. EOF              '利用循环结构遍历整个记录集直至末尾
    …                            '安排字段数据的各类操作
        rs. MoveNext             '记录指针移至下一条
Loop
rs. Close                        '关闭记录集
Set rs ＝ Nothing                '回收记录集对象变量占用的内存
…
```

8.2.5　数据库编程举例

以下举例说明如何利用数据库编程实现对数据库对象的操作。

【例 8.1】　在 E 盘根目录下,创建"编程示例"数据库,并在数据库中创建"学生"表。

操作步骤:

① 在 E 盘根目录下创建数据库"编程示例"。

② 单击"创建"选项卡"宏与代码"组的"Visual Basic"按钮,进入 VBA。选择"插入"菜单中的"模块"命令,进入代码编辑窗口,输入以下代码:

```
Sub createtabel()
DoCmd. RunSQL "Create Table 学生(编号 char(8) Primary Key,姓名 char(3),年龄
smallint)"
End Sub
```

③ 按"F5"键,运行"createtabel()"模块,创建"学生"表。

【例 8.2】　向"学生"表中添加表 8.1 所示的 2 条记录。

表 8.1　向"学生"表中添加的记录

编　号	姓　名	年　龄
20150101	张三	18
20150102	李四	20

操作步骤:

① 使用例 8.1 的第 2 步方法,进入进入代码编辑窗口,输入以下代码。

```
Sub insert()
DoCmd. RunSQL "Insert InTo 学生 Values('20150101','张三',18)"
DoCmd. RunSQL "Insert InTo 学生 Values('20150102','李四',20)"
End Sub
```

② 按"F5"键,运行"insert()"模块,向"学生"表中添加记录。

③ 打开"学生"表,查看结果。

④ 关闭"学生"表。

【例8.3】　在当前数据库中,创建新表"temp",将"学生"数据表中的所有记录添加到新创建的表中。

操作步骤:

① 进行准备工作(设置 ADO 引用)。

a. 打开 VBE 窗口;

b. 在"工具"菜单中选择"引用"命令项,弹出"引用"对话框;

c. 在"可使用的引用"列表框中选择"Microsoft ActiveX Data Objects 2.1 Library";

d. 单击"确定"按钮。

② 创建模块"newtable()"。

单击"创建"选项卡"宏与代码"组的"Visual Basic"按钮,进入代码编辑窗口,选择"插入"菜单中"模块"命令,进入模块编辑状态,输入以下模块代码:

```
Sub newtable()
Dim cn As New ADODB. Connection              '创建一连接对象
Dim rs As New ADODB. RecordSet               '创建一个记录集对象
Set cn = CurrentProject. Connection          '建立与当前数据库的连接
rs. LockType = adLockPessimistic             '设置记录集 LockType 属性(指
                                              示编辑过程中对记录使用的锁
                                              定类型)

DoCmd. RunSQL "Select *   InTo temp From 学生"   '生成"temp"表
rs. Open "temp", cn, , , adCmdTable          '打开"temp"表
Do While Not rs. EOF
    Debug. Print rs! 编号, rs! 姓名, rs! 年龄   '在立即窗口输出记录的编号、姓
                                              名、年龄

    rs. MoveNext                             '移动记录指针
Loop
rs. Close
cn. Close
End Sub
```

③ 运行"newtable()"模块,在当前数据库中创建"temp"表,并将"学生"表中的记录添加到新表中。

④ 打开"temp"表观察结果(图8.4)。

图 8.4　"temp"表内容

【例 8.4】　试编写子过程，用 ADO 在"教务管理"数据库中完成对 E 盘根目录下的"编程示例.accdb"文件中"学生"表中的学生年龄都加 1 的操作。假设"编程示例.accdb"文件存放在 E 盘根目录中。

操作步骤：

① 关闭"编程示例"数据库。

② 启动 Access，打开"教务管理"数据库，进行准备工作（设置 ADO 引用），方法同例 8.3 之步骤①）。

③ 创建模块编 SetAgePlus()。

单击"创建"选项卡"宏与代码"组的"Visual Basic"按钮，进入代码编辑窗口，选择"插入"菜单中"模块"命令，进入模块编辑状态，输入以下模块代码：

```
Sub SetAgePlus2()
        '创建或定义对象变量
        Dim cn As New ADODB. Connection        '创建连接对象
        Dim rs As New ADODB. Recordset          '创建记录集对象
        Dim fd As ADODB. Field                        '字段对象
        Dim strConnect As String                     '连接字符串
        Dim strSQL As String                          '查询字符串
        '注意：如果操作当前数据库，可用 Set cn＝CurrentProject. Connection 替换下面 3 条
        语句
        strConnect = "e:\编程示例. accdb"       '设置连接数据库
        cn. Provider = "Microsoft. ACE. OLEDB. 12. 0"   '设置 OLE DB 数据提供者
        cn. Open strConnect                           '打开与数据源的连接
        strSQL = "Select 年龄 from 学生"          '设置查询表
        rs. Open strSQL, cn, adOpenDynamic, adLockOptimistic, adCmdText   '记录集
        Set fd = rs. Fields("年龄")                 '设置"年龄"字段引用
        '对记录集使用循环结构进行遍历
        Do While Not rs. EOF
            fd = fd + 1                               '"年龄"加 1
            rs. Update                                '更新记录集，保存年龄值
            rs. MoveNext                              '记录指针移动至下一条
        Loop
        '关闭并回收对象变量
        rs. Close
        cn. Close
        Set rs = Nothing
        Set cn = Nothing
        End Sub
```

④ 运行"Sub SetAgePlus()"模块，将"编程示例"数据库中"学生"表的每一位学生的年龄增加 1 岁。

⑤ 打开"编程示例"数据库，查看运行结果（图 8.5）。

图 8.5　学生表年龄增加后

【**例 8.5**】　设计如图 8.6 所示窗体,利用窗体上的命令按钮,建立"学生 1"表,向"学生 1"表添加记录,增加"学生 1"表中的学生年龄。

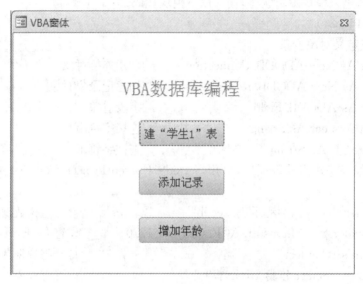

图 8.6　VBA 窗体界面

操作步骤:

① 打开"编程示例"数据库。

② 创建如图 8.6 所示窗体,命令按钮的名称分别是"Command1""Command2"和"Command3"。

③ 为命令按钮的单击事件编写代码。

a. 创建"学生 1"表。

```
Private Sub Command1_Click()
DoCmd. RunSQL "Create Table 学生 1(编号 char(8) Primary Key,姓名 char(3),年龄 smallint)"
End Sub
```

b. 为"学生 1"添加记录。

```
Private Sub Command2_Click()
DoCmd. RunSQL "Insert InTo 学生 1 Values('20150101','张三 1',18)"
DoCmd. RunSQL "Insert InTo 学生 1 Values('20150102','李四 1',20)"
End Sub
```

c. 给"学生 1"表中的学生年龄增加 1。

```
Private Sub Command3_Click()
'创建或定义对象变量
    Dim cn As New ADODB. Connection              '连接对象
    Dim rs As New ADODB. RecordSet               '记录集对象
    Dim fd As ADODB. Field                       '字段对象
    Dim strConnect As String                     '连接字符串
    Dim strSQL As String                         '查询字符串
    Set cn = CurrentProject. Connection
    strSQL = "Select 年龄 From 学生 1"           '设置查询表
    rs. Open strSQL, cn, adOpenDynamic, adLockOptimistic, adCmdText    '记录集
    Set fd = rs. Fields("年龄")                  '设置"年龄"字段引用
'对记录集使用循环结构进行遍历
    Do While Not rs. EOF
        fd = fd + 1                              '"年龄"加 1
        rs. Update                               '更新记录集,保存年龄值
        rs. MoveNext                             '记录指针移动至下一条
    Loop
    '关闭并回收对象变量
    rs. Close
    cn. Close
    Set rs = Nothing
    Set cn = Nothing
End Sub
```

④ 运行"VBA 窗体",从上往下依次单击命令按钮,完成题目要求。

【例 8.6】　在"编程示例"数据库,请设计"用户"表和"登录"窗体,如图 8.7 所示,并按以下要求设计相关程序:

① 当单击窗体中的"登录"按钮时,检查输入的用户名称和密码是否正确,根据判断结果显示欢迎或错误的提示界面;

② 单击"退出"按钮,退出登录窗体。

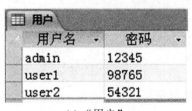

(a) "用户"

(b) "登录"窗体

图 8.7

操作步骤：

① 打开"编程示例"数据库，进行准备工作（设置 ADO 引用）。

② 设计"用户"表，并输入图 8.7(a)中所示的数据。

③ 设计"登录"窗体，窗体上各控件名称如图 8.8 中各注释框所示。

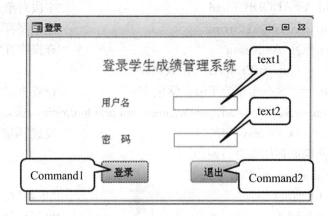

图 8.8　"登录"窗体及控件名称

④ 为命令按钮编写 VBA 代码：

```
Private Sub Command1_Click()
Dim username As String, password As String
Dim rs As New ADODB.RecordSet
username = Trim(text1)
password = Trim(text2)
rs.Open "用户",CurrentProject.Connection,adOpenKeyset,adLockBatchOptimistic
Do While Not rs.EOF
    If rs.Fields("用户名") = username And rs.Fields("密码") = password Then
'如果用户名和密码输入正确
        Exit Do                             '结束循环
    End If
    rs.MoveNext                             '记录指针向后移动一条记录
Loop
If rs.EOF Then                              '如果记录指针在文件尾
    MsgBox "用户名或密码错误,请重新输入!"
    text1 = ""
    text2 = ""
    text1.SetFocus
Else
    MsgBox "学生成绩管理系统登录成功,欢迎您!"
End If
rs.Close
Set rs = Nothing
```

```
End Sub
Private Sub Command2_Click()
DoCmd. Close acForm，"登录"
End Sub
```

⑥ 运行窗体，输入用户名和密码查看程序运行情况。

当输入的用户名和密码是"用户"表中的某一记录时，弹出欢迎登录消息框，如图 8.9 所示。

图 8.9　欢迎登录消息框

当输入的用户名和密码不是"用户"表中的某一记录时，弹出输入错误信息消息框，如图 8.10 所示。

图 8.10　输入错误提示框

VBA 编程内容丰富，本章仅简单介绍，举例说明(视频 8.2、视频 8.3)。

视频 8.2　学生信息查询　　　　视频 8.3　用户注册系统

练 习 8

一、选择题

1. VBA 一般是通过(　　)工具来支持对数据库的访问的。

A. 数据库引擎　　　　　　　　　　　B. VBA 程序

C. VBA 变量　　　　　　　　　　　　D. 自动访问

2. 以下(　　)不是数据库主要接口技术。

A. ODBC　　　　　　　　　　　　　　B. DAO

C. ADO　　　　　　　　　　　　　　　D. OLE DB

E. Visual Basic

3. ADO 对象不包括(　　)。

A. Connection 对象　　　　　　　　　B. Command 对象

C. RecordSet 对象　　　　　　　　　　D. Field 对象

E. text

4. ADO 的含义是(　　)。

A. 开放数据库互联应用程序接口　　　B. 数据库访问对象

C. 动态链接库　　　　　　　　　　　　D. Active 数据对象

5. ADO 对象模型中可以打开 RecordSet 对象的是(　　)。

A. 只能是 Connection 对象

B. 只能是 Command 对象

C. 只能是 Connection 对象和 Command 对象

D. 不存在

二、填空题

1. ADO 对象模型主要有_____、_____、_____、_____和 Error 这 5 个对象。

2. 利用 ADO 访问数据库的一般步骤是:

(1) _____。

(2) _____。

(3) _____。

(4) _____。

(5) _____。

(6) _____。

三、数据库程序设计

在"教学管理"数据库中,设计"学生"表和"信息统计"窗体,如图 8.11、图 8.12 所示,并按以下要求设计相关程序:

(1) 当单击窗体中的“统计”按钮时，则从“学生”表中统计出男生、女生平均年龄，然后将统计结果分别填入文本框；

学生 ： 表

学号	姓名	年龄	性别
1	徐 ×	17	女
2	辛 ×	18	男
3	徐 ×	20	女
4	邓 ×	21	男
5	张 ×	19	男
6	张 ×	22	女
7	王 ×	18	男
8	王 ×	19	男

记录： 1 共有记录数： 8

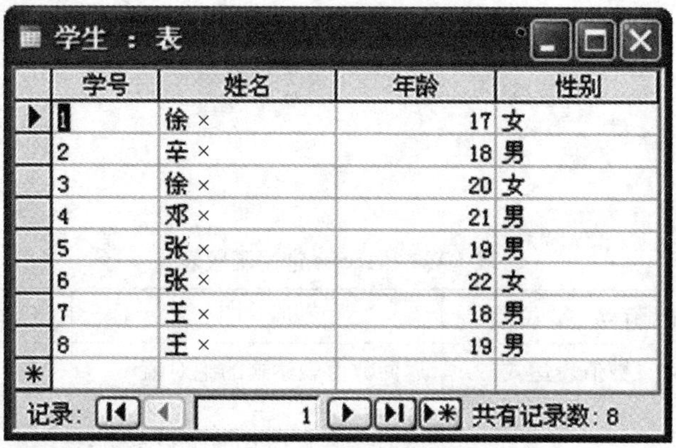

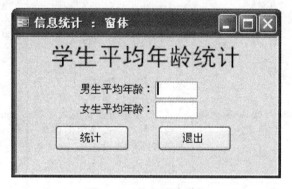

图 8.11　“学生”表

(2) 单击“退出”按钮，退出 Access。

图 8.12　信息统计窗体

附录 A　Access 常用函数

表 FA. 1　Access 常用函数表

类型	函数名	函 数 格 式	说　明	示　例
算术函数	绝对值	Abs(<数值表达式>)	返回数值表达式的绝对值	Abs(−3)＝3
	取整	Int(<数值表达式>)	返回数值表达式的整数部分，参数为负数时，返回小于等于参数值的第一个负数	Int(5.6)＝5 Int(−5.6)＝−6
		Fix(<数值表达式>)	返回数值表达式的整数部分，参数为负数时，返回大于等于参数值的第一个负数	Fix(5.6)＝5 Fix(−5.6)＝−5
		Round(<数值表达式>[,<数值表达式>])	按照指定的小数位数进行四舍五入运算的结果。[<数值表达式>]是进行四舍五入运算小数点右边应该保留的位数。如果省略数值表达式，默认为保留 0 位小数	Round(3.152,1)＝3.2 Round(3.152)＝3
	平方根	Sqr(<数值表达式>)	返回数值表达式的平方根值	Sqr(9)＝3
	符号	Sgn(<数值表达式>)	返回数值表达式值的符号值。当数值表达式值大于 0，返回值为 1；当数值表达式值等于 0，返回值为 0；当数值表达式值小于 0，返回值为−1	Sgn(−3)＝−1 Sgn(3)＝1 Sgn(0)＝0
	随机数	Rnd(<数值表达式>)	产生一个位于[0,1)区间范围的随机数，为单精度类型。如果数值表达式值小于 0，每次产生相同的随机数；如果数值表达式大于 0，每次产生不同的随机数；如果数值表达式等于 0，产生最近生成的随机数，且生成的随机数序列相同；如果省略数值表达式参数，则默认参数值大于 0	Int(100 * Rnd()) '产生[0,99]的随机整数 Int(101 * Rnd()) '产生[0,100]的随机整数 Int(Rnd * 6)＋1 '产生[1,6]的随机整数

续表

类型	函数名	函 数 格 式	说 明	示 例
文本函数	生成空格字符函数	Space(<数值表达式>)	返回由数值表达式的值确定的空格个数组成的空字符串	Space(5) '产生 5 个空格字符
	字符串长度	Len(<字符串表达式>)	返回字符表达式的字符个数,当字符表达式是 Null 值时,返回 Null 值	Len("This is a book!") '返回值为 15 Len("1234") '返回值为 4 Len("等级考试") '返回值为 4
	字符串截取	Left(<字符串表达式>,<N>)	从字符串左边起截取 N 个字符构成的子串	Left("abcdef",2) '返回值为 ab
		Right(<字符串表达式>,<N>)	从字符串右边起截取 N 个字符构成的子串	Right("abcdef",2) '返回值为 ef
		Mid(<字符串表达式>,<N1>,[<N2>])	返回从字符串左边第 N1 个字符起截取 N2 个字符所构成的字符串。N2 可以省略,若省略了 N2,则返回的值是:从字符表达式最左端某个字符开始,截取到最后一个字符为止的若干个字符	Mid("abcdef",2,3) '返回值为 bcd Mid("abcdef",4) '返回值为 ef
	删除空格	Ltrim(<字符表达式>)	返回去掉左边空格后的字符串	Ltrim("abc ")'结果为 abc
		Rtrim(<字符表达式>)	返回去掉右边空格后的字符串	Rtrim(" abc")'结果为 abc
		Trim(<字符表达式>)	返回删除前导和尾随空格后的字符串	Trim(" abc ")'结果为 abc
	字符串检索	InStr([Start,]<str1>,<str2>[,Compare])	检索字符串 str2 在 str1 中最早出现的位置,返回一整型数。Start 为可选参数,为数值表达式,设置检索的起始位置,如省略,则从第一个字符开始检索。Compare 也为可选参数,值可以取 1、2 或 0(缺省值),取 0 表示作二进制比较;取 1 表示作不区分大小写的文本比较;取 2 表示作基于数据库中包含信息的比较。如指定了 Compare 参数,则 Start 一定要有参数	str1="98765" str2="65" Instr(str1,str2)'返回 4 Instr(3,"aSsiAB","a",1) '返回 5。从字符 s 开始,检索出字符 A
	大小写转换	Ucase(<字符表达式>)	将字符表达式中的小写字母转换成大写字母	Ucase("abcdefg") '返回值为 ABCDEFG
		Lcase(<字符表达式>)	将字符表达式中的大写字母转换成小写字母	Lcase("ABCDEFG") '返回值为 abcdefg

续表

类型	函数名	函数格式	说　明	示　例
日期/时间函数	截取日期分量	Day(<日期表达式>)	返回日期表达式日期的整数(1～31)	Day(#2010-9-18#) '返回值为 18
		Month(<日期表达式>)	返回日期表达式月份的整数(1～12)	Month(#2010-9-18#) '返回值为 9
		Year(<日期表达式>)	返回日期表达式年份的整数	Year(#2010-9-18#) '返回值为 2010
		Weekday(<日期表达式>)	返回 1～7 的整数,表示星期几	Weekday(#2010-9-18#) '返回值为 6
	截取系统日期和系统时间	Date()	返回当前系统日期	
		Time()	返回当前系统时间	
		Now()	返回当前系统日期和时间	
	时间间隔	DateAdd(<间隔类型>,<间隔值>,<表达式>)	将表达式表示的日期按照间隔加上或减去指定的时间间隔值后返回结果	DateAdd("yyyy",3,#2004-2-28#) '返回值为#2007-2-28#
		DateDiff(<间隔类型>,<日期1>,<日期2>[,W1][,W2])	返回日期1和日期2按照间隔类型所指定的时间间隔值	DateDiff("yyyy",#2009-9-19#,#2010-9-18#) '返回值为2,两个日期相差的年数
		DatePart<间隔类型>,<日期>[,W1][,W2])	返回日期中按照间隔类型所指定的时间间隔值	DatePart("yyyy",#2010-9-18#) '返回值为 2010,yyyy 表示年 DatePart("d",#2010-9-18#) '返回值为18,d 表示日 DatePart("ww",#2010-9-18#) '返回值为38,ww 表示周
	返回包含指定年月日的日期	DateSerial(<表达式1>,<表达式2>,<表达式3>)	返回指定年月日的日期,其中表达式1为年,表达式2为月,表达式3为日	DateSerial(2010,4,2) '返回#2010-4-2# DateSerial(2009-1,8-2,0) '返回#2008-5-31#

续表

类型	函数名	函数格式	说　明	示　例
S Q L 聚 合 函 数	总计	Sum(＜字符表达式＞)	返回字符表达式中值的总和。字符表达式可以是一个字段名,也可以是一个含字段名的表达式,但所含字段应该是数字数据类型的字段	
	平均值	Avg(＜字符表达式＞)	返回字符表达式中值的平均值。字符表达式可以是一个字段名,也可以是一个含字段名的表达式,但所含字段应该是数字数据类型的字段	
	计数	Count(＜字符表达式＞)	返回字符表达式中值的个数。即统计记录个数。字符表达式可以是一个字段名,也可以是一个含字段名的表达式,但所含字段应该是数字数据类型的字段	
	最大值	Max(＜字符表达式＞)	返回字符表达式中值的最大值。字符表达式可以是一个字段名,也可以是一个含字段名的表达式,单所含字段应该是数字数据类型的字段	
	最小值	Min(＜字符表达式＞)	返回字符表达式中值的最小值。字符表达式可以是一个字段名,也可以是一个含字段名的表达式,但所含字段应该是数字数据类型的字段	
转 换 函 数	字符串转换成字符代码	Asc(＜字符串表达式＞)	返回首字符的 ASCII 码	Asc("abcde")　'返回 97
	字符代码转换成字符	Chr(＜字符代码＞)	返回与字符代码相关的字符	Chr(97)　'返回字符 a Chr(13)　'返回回车符
	数字转换成字符串	Str(＜数值表达式＞)	将数值表达式值转换成字符串。当一数字转成字符串时,总会在前面保留一个空格来表示正负。表达式值为正,返回的字符串包含一前导空格表示有一正号	Str(99)　　'返回 99 Str(−6)　　'返回−6
	字符转换成数字	Val(＜字符串表达式＞)	将数字字符串转换成数值型数字。数字串转换时可自动将字符串中的空格、制表符和换行符去掉,当遇到它不能识别为数字的第一个字符时,停止读入字符串。当字符串不是以数字开头时,函数返回 0	Val("18")　　　'返回 18 Val("123 45") 　　　　　　'返回 12345 Val("12ab3")　'返回 12 Val("ab123")　'返回 0

类型	函数名	函数格式	说　明	示　例
程序流程函数	选择	Choose(<索引式>,<选项1>[,<选项2>,…[,<选项 n>]])	该函数根据"索引式"的值来返回选项表中的某个值:"索引式"值为 1,函数返回"选项 1"的值;"索引式"值为 2,函数返回"选项 2"的值;依次类推	根据变量 x 的值来为变量 y 赋值: x=2；m=5 y=Choose(x,5,m+1,m) 　'y 的值将为 6
	条件	Iif(<条件式>,<表达式 1>,<表达式 2>)	该函数是根据"条件式"的值来决定函数返回值。"条件式"的值为"真(True)",函数返回"表达式 1"的值;"条件式"的值为"假(False)",函数返回"表达式 2"的值	将变量 a 和 b 中值大的量存放在变量 Max 中: Max=Iif(a>b,a,b)
	开关	Switch(<条件式 1>,<表达式 1>[,<条件式 2>,<表达式 2>…[,<条件式 n>,<表达式 n>]])	该函数将返回与条件式列表中最先为"True"的那个条件表达式所对应的表达式的值	根据变量 x 的值来为变量 y 赋值: x=−3 y=Switch(x>0,1,x=0,0,x<0,−1) 'y 的值将为−1
消息函数	利用提示框输入	InputBox(提示[,标题][,默认])	在对话框中显示提示信息,等待用户输入正文并按下按钮,并返回文本框中输入的内容(文本型)	InputBox("请输入一个数","输入框",100)
	提示框	MsgBox(提示,[,按钮、图标和默认按钮][,标题])	在对话框中显示消息,等待用户单击按钮,并返回一个 Integer 型数值,告诉用户单击的是哪一个按钮	MsgBox("AAAA",vbOK-Cancel+vbQuestion,"BBBB")

附录 B 窗体属性及其含义

表 FB.1 "格式"选项卡

属性名称	属性标志	功　能
标题	Caption	指定在"窗体"视图中标题栏上显示的文本。默认为"窗体名：窗体"
默认视图	DefaultView	指定打开窗体时所用的视图。有 5 个选项："单个窗体"（默认值）、"连续窗体""数据表""数据透视表"以及"数据透视图"
滚动条	ScrollBars	指定是否在窗体上显示滚动条。该属性值有"两者均无""只水平""只垂直"和"两者都有"（默认值）4 个选项
允许"窗体"视图	AllowFormView	表明是否可以在"窗体"视图中查看指定的窗体。属性值有："是"（默认值）和"否"
记录选择器	RecordSelectors	指定窗体在"窗体"视图中是否显示记录选择器。属性值有："是"（默认值）和"否"
导航按钮	NavigationButtons	指定窗体上是否显示导航按钮和记录编号框。属性值有："是"（默认值）和"否"
分隔线	DividingLines	指定是否使用分隔线分隔窗体上的节或连续窗体上显示的记录。属性值有："是"（默认值）和"否"
自动调整	AutoResize	在打开"窗体"窗口时，是否自动调整"窗体"窗口大小以显示整条记录。属性值有："是"（默认值）和"否"
自动居中	AutoCenter	当窗体打开时，是否在应用程序窗口中将窗体自动居中。属性值有："是"（默认值）和"否"
边框样式	BorderStyle	可以指定用于窗体的边框和边框元素（标题栏、"控制"菜单、"最小化"和"最大化"按钮或"关闭"按钮）的类型。一般情况下，对于常规窗体、弹出式窗体和自定义对话框需要使用不同的边框样式。属性值有："无""细边框""可调边框"（默认值）和"对话框边框"
控制框	ControlBox	指定在"窗体"视图和"数据表"视图中窗体是否具有"控制"菜单。属性值有："是"（默认值）和"否"
最大最小化按钮	MinMaxButtons	指定在窗体上"最大化"或"最小化"按钮是否可见。属性值有："无""最小化按钮""最大化按钮"和"两者都有"（默认值）

属性名称	属性标志	功　能
关闭按钮	CloseButton	指定是否启用窗体上的"关闭"按钮。属性值有:"是"(默认值)和"否"
宽度	Width	可以将窗体的大小调整为指定的尺寸。窗体的宽度是从边框的内侧开始度量的,默认值:9.998 cm
图片	Picture	指定窗体的背景图片的位图或其他类型的图形。位图文件必须是".bmp"的、".ico"的或".dib"的文件类型。也可以使用".wmf"或".emf"格式的图形文件或其他任何具有相应图形筛选器的图形文件类型
图片类型	PictureType	指定 Access 将图片是存储为链接对象还是存储为嵌入(默认值)对象
图片缩放模式	PictureSizeMode	指定对窗体或报表中的图片调整大小的方式。属性值有:"剪裁"(默认值)、"拉伸"和"缩放"
可移动的	Moveable	表明用户是否可以移动指定的窗体。属性值有:"是"(默认值)和"否"

表 FB.2　"数据"选项卡

属性名称	属性标志	功　能
记录源	RecordSource	指定窗体的数据源。属性值可以是表名称、查询名称或者 SQL 语句
筛选	Filter	在对窗体应用筛选时指定要显示的记录子集
排序依据	OrderBy	指定如何对窗体中的记录进行排序。属性值是一个字符串表达式,表示要以其对记录进行排序的一个或多个字段(用逗号分隔)的名称。降序时键入"Desc"
允许筛选	AllowFilters	指定窗体中的记录能否进行筛选。属性值有:"是"(默认值)和"否"
允许编辑 允许删除 允许添加	AllowEdits AllowDeletions AllowAdditions	指定用户是否可在使用窗体时编辑、删除、添加记录。属性值有:"是"(默认值)和"否"
数据输入	DataEntry	指定是否允许打开绑定窗体进行数据输入。该属性不决定是否可以添加记录,只决定是否显示已有的记录。属性值有:"是"和"否"(默认值)

续表

属性名称	属性标志	功　　能
记录集类型	RecordsetType	指定何种类型的记录集可以在窗体中使用。属性值有： ①"动态集"（默认值）：对基于单个表或基于具有一对一关系的多个表的绑定控件可以编辑。对于绑定到字段（基于一对多关系的表）的控件，若未启用表间的级联更新，则不能编辑位于关系中的"一"方的连接字段中的数据； ②"动态集（不一致的更新）"：所有绑定到其字段的表和控件都可以编辑； ③"快照"：绑定到其字段的表和控件都不能编辑
记录锁定	RecordLocks	指定在多用户数据库中更新数据时，如何锁定基础表或基础查询中的记录。属性值有： ①"不锁定"（默认值）：在窗体中，两个或更多用户能够同时编辑同一条记录。这也称为"开放式"锁定。如果两个用户试图保存对同一条记录的更改，则 Microsoft Access 将对第二个试图保存记录的用户显示一则提示消息。此后这个用户可以选择放弃该记录，将记录复制到剪贴板或替换前一个用户所做的更改。这种设置通常用在只读窗口或单用户数据库中；也可以用在多用户数据库中，允许多个用户同时更改同一条记录 ②"所有记录"：当在"窗体"视图或"数据表"视图中打开窗体时，基础表或基础查询中的所有记录都将锁定。用户可以读取记录，但在关闭窗体以前不能编辑、添加或删除任何记录 ③"已编辑的记录"：只要用户开始编辑某条记录中的任一字段，即会锁定该页面记录，直到用户移动到其他记录，锁定才会解除。这样一条记录一次只能由一位用户进行编辑。这也称为"保守式"锁定

表 FB.3　"其他"选项卡

属性名称	属性标志	功　　能
弹出方式	PopUp	指定窗体是否作为弹出式窗口打开。弹出式窗口将停留在其他所有 Access 窗口的上面。典型的情况是将弹出式窗口的"边框样式"属性设为"细边框"。属性值有："是"和"否"（默认值）
模式	Modal	指定窗体是否可以作为模式窗口打开。作为模式窗口打开时，在焦点移到另一个对象之前，必须先关闭该窗口。属性值有："是"和"否"（默认值）
循环	Cycle	指定当按"Tab"时绑定窗体中位于最近一个控件上的焦点的去向。属性值有： ①"所有记录"（默认值）：在窗体的最后获得焦点的控件上按"Tab"，焦点将移动到下一记录的"Tab"键次序中的第一个控件上； ②"当前记录"：在记录中最后一个获得焦点的控件上按下"Tab"，焦点将移动到同一条记录的"Tab"键次序中的第一个控件上； ③"当前页"：在页上最后一个获得焦点的控件上按下"Tab"，焦点将移到本页的"Tab"键次序中的第一个控件上

属性名称	属性标志	功　能
菜单栏	MenuBar	可以将菜单栏指定给 Microsoft Access 数据库(. mdb)、Access 项目(. adp)、窗体或报表使用。也可以使用"菜单栏"属性来指定菜单栏宏,以便用于显示数据库、窗体或报表的自定义菜单栏
工具栏	ToolBar	可以指定窗体或报表使用的工具栏。通过使用"视图"菜单上"工具栏"命令的"自定义"子命令可以创建这些工具栏
快捷菜单	ShortcutMenu	指定当用鼠标右键单击窗体上的对象时是否显示快捷菜单。属性值有:"是"(默认值)和"否"
允许设计更改	AllowDesignChanges	指定或确定对窗体是可以在所有视图中进行设计更改还是只能在"设计"视图中进行设计更改。属性值有:"所有视图"(默认值)和"仅设计视图"

附录 C　控件属性及其含义

表 FC.1　"格式"选项卡

属性名称	属性标志	功　　能
标题	Caption	对不同视图中对象的标题进行设置,为用户提供有用的信息。它是一个最多包含 2 048 个字符的字符串表达式。窗体和报表上超过标题栏所能显示的部分将被截掉。可以使用该属性为标签或命令按钮指定访问键。在标题中,将 & 字符放在要用作访问键的字符前面,则字符将以下划线形式显示。通过按"Alt"和加下划线的字符,即可将焦点移到窗体中该控件上
小数位数	DecimalPlaces	指定自定义数字、日期/时间和文本显示数字的小数点位数。属性值有:"自动"(默认值)、0～15
格式	Format	自定义数字、日期、时间和文本的显示方式。可以使用预定义的格式或者使用格式符号创建自定义格式
可见性	Visible	显示或隐藏窗体、报表、窗体或报表的节、数据访问页或控件。属性值有:"是"(默认值)或"否"
边框样式	BorderStyle	指定控件边框的显示方式。属性值有:"透明"(默认值)、"实线""虚线""短虚线""点线""稀疏点线""点划线""点点划线"以及"双实线"
边框宽度	BorderWidth	指定控件的边框宽度。属性值有:"细线"(默认值)、1～6 磅(1 磅＝0.035 27 cm)
左边距	Left	指定对象在窗体或报表中的位置。控件的位置是指从它的左边框到含该控件的节的左边缘的距离或者从它的上边框到包含该控件的节的上边缘的距离
背景样式	BackStyle	指定控件是否透明。属性值有:"常规"(默认值)和"透明"
特殊效果	SpecialEffect	指定是否将特殊格式应用于控件。属性值有:"平面""凸起""凹陷"(默认)"蚀刻""阴影"和"凿痕"6 种
字体名称	FontName	是显示文本所用的字体名称。默认值:宋体(与系统设定有关)
字号	FontSize	指定显示文本字体的大小。默认值:9 磅(与系统设定有关),属性值范围 1～127

续表

属性名称	属性标志	功　　能
字体粗细	FontWeight	指定 Windows 在控件中显示以及打印字符所用的线宽(字体的粗细)。属性值有:"淡""特细""细""中等""半粗""加粗""特粗""浓"和"正常"(默认值)
倾斜字体	FontItalic	指定文本是否变为斜体。属性值:"是"(默认值)和"否"
背景色	ForeColor	指定一个控件的文本颜色。属性值是包含一个代表控件中文本颜色的值的数值表达式。默认值:0
前景色	BackColor	属性值包括数值表达式,该表达式对应于填充控件或节内部的颜色。默认值:1 677 721 550

表 FC. 2　"数据"选项卡

属性名称	属性标志	功　　能
控件来源	ControlSource	可以显示和编辑绑定到表、查询或 SQL 语句中的数据。还可以显示表达式的结果
输入掩码	InputMask	可以使数据输入更容易,并且可以控制用户在文本框类型的控件中输入的值。只影响直接在控件或组合框中键入的字符
默认值	DefaultValue	指定在新建记录时自动输入到控件或字段中的文本或表达式
有效性规则	ValidationRule	指定对输入到记录、字段或控件中的数据的限制条件
有效性文本	ValidationText	当输入的数据违反了"有效性规则"的设置时,可以使用该属性指定将要显示给用户的消息
是否锁定	Locked	指定是否可以在"窗体"视图中编辑控件数据。属性值有:"是"和"否"(默认值)
可用	Enabled	可以设置或返回"条件格式"对象(代表组合框或文本框控件的条件格式)的条件格式状态

表 FC. 3　"其他"选项卡

属性名称	属性标志	功　　能
名称	Name	可以指定或确定用于标志对象名称的字符串表达式。对于未绑定控件,默认名称是控件的类型加上一个唯一的整数。对于绑定控件,默认名称是基础数据源字段的名称。对于控件,名称长度不能超过 255 个字符
状态栏文字	StatusBarText	指定当选定一个控件时显示在状态栏上的文本。该属性只应用于窗体上的控件,不应用于报表上的控件。所用的字符串表达式长度最多为 255 个字符
允许自动更正	AllowAutoCorrect	指定是否自动更正文本框或组合框控件中的用户输入内容。属性值有:"是"(默认值)和"否"

属性名称	属性标志	功　　能
自动"Tab"键	AutoTab	指定当输入文本框控件的输入掩码所允许的最后一个字符时，是否发生自动"Tab"键切换。属性值有："是"和"否"（默认值）
"Tab"键索引	TabIndex	指定窗体上的控件在"Tab"键次序中的位置。该属性仅适用于窗体上的控件，不适用于报表上的控件。属性值起始值为 0
控件提示文本	ControlTipText	指定当鼠标停留在控件上时，显示在 ScreenTip 中的文字。可用最长 255 个字符的字符串表达式
垂直显示	Vertical	设置垂直显示和编辑的窗体控件，或设置垂直显示和打印的报表控件。属性值有："是"和"否"（默认值）

附录 D 常用宏操作命令

表 FD.1 常用宏操作命令

宏命令	功 能
ApplyFilter	对表、窗体或报表应用筛选、查询或 SQL 的 Where 子句,以便对表的记录、窗体或报表的基础表的记录或基础查询中的记录进行限制或排序
Beep	通过计算机的扬声器发出"嘟嘟"声
CancelEvent	取消引起该宏发生的事件
Close	关闭指定的表、查询、窗体、报表、宏等窗口或活动窗口,还可以决定关闭时是否保存更改
CopyObject	将指定的对象复制到不同的 Access 数据库中,或复制到具有新名称的相同数据库中。使用此操作可以快速创建相同的对象,或将对象复制到其他数据库中
DeleteObject	删除指定对象,未指定对象时,删除数据库窗口中指定的对象
Echo	指定是否打开回响,例如是在宏执行时显示其运行结果还是在宏执行完后才显示运行结果。此处还可设置状态栏显示文本
FindNext	查找符合最近 FindRecord 操作或"查找"对话框中指定条件的下一条记录
FindRecord	在活动的数据表、查询数据表、窗体数据表或窗体中查找符合条件的记录
GoToControl	将焦点移动到打开的窗体、窗体数据表、表数据表或查询数据表中的字段或控件上
GoToPage	在活动窗体中,将焦点移到指定页的第一个控件上
GoToRecord	在打开的表、窗体或查询结果集中指定当前记录
Hourglass	使鼠标指针在宏执行时变成沙漏形式
Maximize	放大活动窗口,使其充满 Access 主窗口。该操作不能应用于 Visual Basic 编辑器中的代码窗口
Minimize	将活动窗口缩小为 Access 主窗口底部的小标题栏。该操作不能应用于 Visual Basic 编辑器中的代码窗口
MoveSize	能移动活动窗口或调整其大小
MsgBox	显示包含警告信息或其他信息的消息框
OpenDataAccessPage	在页视图或设计视图中打开数据访问页
OpenForm	在窗体视图、窗体设计视图、打印预览或数据表视图中打开窗体

续表

宏命令	功　　能
OpenModule	在指定过程的设计视图中打开指定的模块
OpenQuery	打开选择查询或交叉表查询
OpenReport	在设计视图或打印预览视图中打开报表或立即打印该报表
OpenTable	在数据表视图、设计视图或打印预览中打开表
OutputTo	将指定的数据库对象中的数据以某种格式输出
PrintOut	打印活动的数据表、窗体、窗体、报表、模块数据访问页和模块,效果与文件菜单中的打印命令相似,但是不显示打印对话框
Quite	退出 Access,效果与文件菜单的退出命令相同
ReName	重命名当前数据库中指定的对象
RepaintObject	完成指定的数据库对象所挂起的屏幕更新,或对活动数据库对象进行屏幕更新。这种更新包括控件的重新设计和重新绘制
Requery	通过重新查询控件的数据源来更新活动对象控件中的数据。如果不指定控件,将对对象本身的数据源重新查询。该操作确保活动对象及其包含的控件显示最新数据
Restore	将最大化或最小化的窗口恢复为原来大小
RunApp	启动另一个 Windows 或 MS -DOS 应用程序
RunCode	调用 Visual Basic Function 过程
RunCommand	执行 Access 菜单栏、工具栏或快捷菜单中的内置命令
RunMacro	执行一个宏
RunSQL	执行指定的 SQL 语句以完成操作查询,也可以完成数据定义查询
Save	保存一个指定的 Access 对象,或保存当前活动对象
SelectObject	选定数据库对象
SendKeys	将键发送到键盘缓冲区
SendObject	效果与文件菜单中的“发送”命令一样,该操作的参数对应于“发送”对话框的设置,但“发送”命令仅应用于活动对象,而 SendObject 操作可以指定要发送的对象
SetValue	为窗体、窗体数据表或报表上的控件、字段设置属性值
SetWarnings	打开或关闭系统消息
ShowAllrecord	删除活动表、查询结果集或窗体中已应用过的筛选
StopAllMacros	终止当前所有宏的运行
StopMacro	终止当前正在运行的宏
TransferDatabase	在当前数据库(.mdb)与其他数据库之间导入或导出数据
TransferSpreadsheet	在当前数据库(.mdb)与电子表格文件之间导入或导出数据
TransferText	在当前数据库(.mdb)与文本文件之间导入或导出文本

参 考 文 献

［1］ 安徽省教育厅. 全国高等学校(安徽考区)计算机水平考试教学(考试)大纲(2015)[M]. 合肥:安徽大学
出版社,2015.

［2］ 教育部考试中心. 全国计算机等级考试二级教程:Accesss 数据库程序设计(2016)[M]. 北京:高等教育
出版社,2015.

［3］ 安徽省网络课程学习中心. 数据库基础[EB/OL]. 2016. http://ehuixue.cn/view.aspx? cid＝1505.